Forschungs-/ Entwicklungs-/ Innovations-Management

Reihe herausgegeben von
H. D. Bürgel (em.), Stuttgart, Deutschland
D. Grosse, Freiberg, Deutschland
C. Herstatt, Hamburg, Deutschland
H. Koller, Hamburg, Deutschland
C. Lüthje, Hamburg, Deutschland
M. G. Möhrle, Bremen, Deutschland

Die Reihe stellt aus integrierter Sicht von Betriebswirtschaft und Technik Arbeits-ergebnisse auf den Gebieten Forschung, Entwicklung und Innovation vor. Die einzelnen Beiträge sollen dem wissenschaftlichen Fortschritt dienen und die Forderungen der Praxis auf Umsetzbarkeit erfüllen.

Reihe herausgegeben von

Professor Dr. Hans Dietmar Bürgel
(em.)
Universität Stuttgart

Professorin Dr. Diana Grosse vorm. de Pay
Technische Universität Bergakademie Freiberg

Professor Dr. Cornelius Herstatt
Technische Universität
Hamburg-Harburg

Professor Dr. Hans Koller
Universität der Bundeswehr Hamburg

Professor Dr. Christian Lüthje
Technische Universität Hamburg-Harburg

Professor Dr. Martin G. Möhrle
Universität Bremen

Weitere Bände in der Reihe http://www.springer.com/series/12195

Michael Wustmans

Patent Intelligence zur unternehmensrelevanten Wissenserschließung

Reifegradbasierte Fähigkeiten –
Qualitative Fallstudienanalysen –
Iterativer Ablauf

Mit einem Geleitwort von
Prof. Dr. habil. Martin G. Möhrle

Springer Gabler

Michael Wustmans
Bremen, Deutschland

Dissertation Universität Bremen / 2018

Forschungs-/ Entwicklungs-/ Innovations-Management
ISBN 978-3-658-24065-3   ISBN 978-3-658-24066-0   (eBook)
https://doi.org/10.1007/978-3-658-24066-0

Die Deutsche Nationalbibliothek verzeichnet diese Publikation in der Deutschen National-
bibliografie; detaillierte bibliografische Daten sind im Internet über http://dnb.d-nb.de abrufbar.

Springer Gabler ist ein Imprint der eingetragenen Gesellschaft Springer Fachmedien Wiesbaden
GmbH und ist ein Teil von Springer Nature
Die Anschrift der Gesellschaft ist: Abraham-Lincoln-Str. 46, 65189 Wiesbaden, Germany

Zum Geleit

Schon seit Langem gelten Patente als wichtige Wissensquelle für Unternehmen. Sie enthalten Beschreibungen von Erfindungen und dazu wichtige verbundene Informationen, unter anderem die Erfinder (oftmals Entwickler in Unternehmen), die Anmelder (oftmals Unternehmen), eine Einordnung in eine Klassifikation (weltweit weitgehend vereinheitlicht), Verweise auf ähnliche vorherige Erfindungen (sogenannte Zitate) sowie eine genaue Aufstellung dessen, was als Schutzumfang beansprucht wird (die Ansprüche). Darauf aufbauend lassen sich verschiedene Aspekte analysieren: Wie aktiv sind die Wettbewerber in ihrer Technologieentwicklung? Wer sind die bedeutenden Erfinder in einem technologischen Feld? Ist ein neu entwickeltes Produkt frei von Rechten Dritter, oder anders formuliert, besitzt das Unternehmen den Freedom-to-operate? Welche Erfindungstrends charakterisieren ein technologisches Feld?

So gut die genannten Fragen von der Analyseseite her beleuchtet worden sind, so unscharf sind die Befunde über die Verwendung der Ergebnisse innerhalb der Organisation eines Unternehmens, über den Austausch zwischen strategischem Management und Analysten, über die Qualität der zugehörigen Fähigkeiten und deren Verteilung über unterschiedliche Unternehmen, und dies gerade vor dem Hintergrund unterschiedlicher Mittel, über die Unternehmen verfügen, und damit auch unterschiedlicher Möglichkeiten, ein zu diesen Mitteln passendes Chancen-/Risikoprofil aufzubauen. An diesen Stellen setzt Dr. Wustmans an, und er bezeichnet sein Forschungsobjekt als *Patent Intelligence*. Er behandelt das Thema von zwei Seiten, zum einen mittels konzeptioneller Überlegungen, zum anderen mittels empirisch-qualitativ ausgerichteter Fallstudien.

Methodisch betritt der Verfasser insoweit Neuland, als er ein Reifegradmodell mit entwickelt, überprüft, kalibriert und verbessert. Er skizziert das 7D Reifegradmodell für das Patentmanagement und gibt einen Überblick über dessen Architektur, einerseits über die fünf Basisdimensionen „Portfolio", „Generierung", „Intelligence", „Verwertung", „Durchsetzung" sowie die beiden unterstützenden Dimensionen „Organisation" und „Kultur", andererseits über die Zuordnung von Elementen (im Sinne elementarer Fähigkeiten) zu diesen Dimensionen. Sodann entwickelt und validiert er für die Patent Intelligence die Reifestufen der zugehörigen Elemente.

Die konzeptionellen Überlegungen werden begleitet durch das sachgemäße Ausarbei-
ten, die Durchführung sowie die Auswertung von vier Fallstudien in mittelgroßen technologieorientierten Unternehmen, bei denen es Dr. Wustmans gelungen ist, in einen
sensiblen Unternehmensbereich vorzustoßen. Dr. Wustmans fokussiert – quasi in spie-
gelbildlicher Betrachtung – einerseits auf strategische Manager und andererseits auf
Verantwortliche für die Patent Intelligence als Befragtengruppen. Aufbauend auf offene
Interviews und Workshops vermittelt Dr. Wustmans einen lebendigen Eindruck von der
Art, wie Patent Intelligence in verschiedenen Unternehmen gestaltet wird. In einem fallstudienübergreifenden Vergleich arbeitet er heraus, aufgrund welcher Faktoren (beispielsweise einer unterschiedlichen Geschäftsstrategie) es zu Unterschieden bei der Patent Intelligence kommen konnte und was zu Gemeinsamkeiten führte.

Das vorliegende Werk eignet sich – analog zu den Befragtengruppen in den Fallstudien
– für Experten in Unternehmen, die entweder für das strategische Technologiemanagement oder für das Patentmanagement verantwortlich sind und organisatorische Potenziale heben wollen. Ebenso geeignet ist es für Wissenschaftler im Technologiemanagement, die sich für die Wissensgewinnung aus Patenten und insbesondere deren organisatorische Umsetzung interessieren. Als weitere wichtige Zielgruppe seien
wissenschaftliche Forschungsinstitute genannt, die oftmals ein beachtliches Patentportfolio angesammelt haben und genauso wie Unternehmen effektiv und effizient mit dieser Ressource umgehen müssen. Ich wünsche dem Werk eine gute Verbreitung.

Bremen, im Juni 2018   Prof. Dr. habil. Martin G. Möhrle

Vorwort

Alles begann im Anschluss an eine mündliche Prüfung für den Master Wirtschaftsingenieurwesen an der Universität Siegen. Herr Dr. Richard Harvey, damaliger zuständiger Zweitprüfer im Fach „Internationales Projektmanagement", bat mich nach der Prüfung zu sich ins Büro, um mir nahezulegen eine Promotion anzustreben. Zunächst überrascht von dieser Aussage, ist der Gedanke an eine Promotion vor allem in Gesprächen mit Dr. Johannes Tröger, Dr. Jörg Franke, Dr. Graciana Petersen und Prof. Dr. Bernd Leitl in mir gereift. Für die guten Gespräche, die Zeit und vor allem die Ermutigung eine Promotion anzustreben, möchte ich mich sehr herzlich bedanken.

Im Juli 2014 folgte auf eine Initiativbewerbung die Anstellung als wissenschaftlicher Mitarbeiter am Institut für Projektmanagement und Innovation (IPMI) der Universität Bremen unter der Leitung von Herrn Prof. Dr. Martin G. Möhrle, meinem akademischen Lehrer. Seinem Vertrauen, seiner intelligenten Art zu Lenken und der positiven, freundschaftlichen Umgebung an seinem Lehrstuhl habe ich es zu verdanken, dass der Gedanke an eine Promotion nicht nur ein solcher geblieben ist und dass meine Freude an der Forschung stets gewachsen ist. Ein weiterer, besonderer Dank gilt Herrn Dr. Lothar Walter, dem akademischen Oberrat des IPMI. Dank ihm habe ich das Ziel, den erfolgreichen Abschluss der Promotion, stets mit großer Freude und Begeisterung verfolgt. Gerne erinnere ich mich an zahlreiche Stunden im Seminarraum, in denen wir an gemeinsamen Projekten und Publikationen arbeiteten. Von beiden habe ich viel gelernt.

Aus den Kolleginnen und Kollegen vom IPMI wurden wahre Freunde. An dieser Stelle möchte ich mich im Besonderen bei Herrn Dr. Alexander Kerl bedanken. Sein stets offenes Ohr, seine klugen Einschätzungen, sowie die stets hilfreiche Reflexion verschiedenster Ideen führten zu vielen Anregungen und Ergebnissen. Darüber hinaus haben mir viele Erlebnisse mit Ihm und seiner Frau Annika die Zeit in Bremen versüßt. Mein besonderer Dank gilt außerdem Herrn Dr. Jonas Frischkorn, der mich in die Welt der Patentrecherche und -analyse eingeführt hat. Sein analytisches Geschick, sein zielgerichtetes Verständnis und seine harmonische Persönlichkeit haben geholfen, meinen Horizont zu erweitern und gleichzeitig den Fokus zu bewahren. In diese Reihe möchte ich zusätzlich Frau Kathi Eilers und Herrn Jens Potthast aufnehmen. Beide haben mich auf großen Teilen meiner Wegstrecke begleitet und mit ihren einzigartigen Fähigkeiten dazu beigetragen, Ideen in Ergebnisse zu überführen. Ferner gilt mein Dank Herrn Thomas Haubold und Herrn Bennet Brüns, die die Zeit im gemeinsamen Büro vor allem durch ihre offene und unterhaltsame Art unvergessen machen.

Weitere Befürworter und Motivatoren haben zu dem erfolgreichen Abschluss meiner Promotion beigetragen. So habe ich in zahlreichen Pomodoro-Sitzungen mit Frau Noélle Singer sowie Frau Simone Brühl den Großteil meiner schriftlichen Arbeiten verfasst. Dank euch habe ich mich immer auf das Schreiben gefreut. Während eines Forschungsaufenthaltes an der Universität Twente in den Niederlanden habe ich Herrn Dr. Rik van Reekum kennen und schätzen gelernt. Durch seine systemische Betrachtungsweise und den intensiven Austausch habe ich viele Inspirationen und sehr wertvolle Beiträge für meine Arbeiten sammeln können. Darüber hinaus danke ich Herrn Prof. Dr. Jens Pöppelbuß für die sehr wertvolle Reflexion und Begutachtung meiner Dissertation sowie Herrn Prof. Dr. Georg Müller-Christ für die spannende Diskussion während des Promotionskolloquiums. Nicht zuletzt gilt ein besonderer Dank meinen Interviewpartnern aus den verschiedenen Industrien, vor allem für die Einblicke in ihre Arbeit, die spannenden Diskussionen sowie die Zeit, die sie sich für mich genommen haben.

Gleichwohl waren Freunde und Familie stets ein wertvoller Rückhalt. Ein ganz besonders liebevoller Dank gilt meiner Partnerin Gina, die mich in allen Abschnitten des Promotionsvorhabens unterstützt hat. Ihre wundervolle, positive Lebensfreude hat mich schon immer inspiriert und motiviert. Sie hat mich in meinen Vorhaben fortwährend bestärkt und mir den nötigen Rückhalt gegeben. Ein herzlicher, tiefer Dank gilt weiterhin meinen Eltern, Hildegard und Franz Wustmans, sowie meinem Bruder Thomas. Vor allem sie waren es, die mich in meiner persönlichen Entwicklung geprägt und mir das nötige Werkzeug mit auf den Weg gegeben haben.

Zum Ausdruck dieses ganz besonderen Danks sowie meiner tiefen Verbundenheit widme ich meine Dissertation daher meiner Mutter, meinem Vater, meinem Bruder und dir, Gina.

Bonn, im Juni 2018   Michael Wustmans

Inhaltsverzeichnis

Abkürzungsverzeichnis

AIDA (Marketing)	Attention, Interest, Desire, Action
AIDA (Reifegrad)	Awareness, Protection, Management, Exploitation
ArbnErfG	Arbeitnehmererfindergesetz
BMWi	Bundesministerium für Wirtschaft und Energie
BMZ	Bundesministerium für wirtschaftliche Zusammenarbeit und Entwicklung
CMMI	Capability Maturity Model Integration
DPMA	Deutsches Patent- und Markenamt
EPO	European Patent Office
FuE	Forschung und Entwicklung
IP	Intellectual Property
IPM	Intellectual Property Management
IPMI	Institut für Projektmanagement und Innovation
IPR	Intellectual Property Rights
ISO	Internationale Organisation für Normung
IT	Informationstechnologie
KMU	Kleine und mittlere Unternehmen
MarkenG	Markengesetz
PatG	Patentgesetz
POS	Part Of Speech
QPIP	Qualified Patent Information Professional
SAO	Subject, Action, Object
SIGNO	Schutz von Ideen für die gewerbliche Nutzung
SWOT	Strengths, Weaknesses, Opportunities, Threats
TRIPS	Trade-related Aspects of Intellectual Property Rights
VRIN	Value, Rare, Inimitability, Non-Substituability

Abbildungsverzeichnis

Tabellenverzeichnis

1 Einleitung

Laut dem Bundesministerium für Wirtschaft und Energie (BMWi) dokumentiert heutzutage *„kein Literaturbestand [...] den Stand der Technik so umfassend und so geordnet wie die Patentliteratur"* (BMWi, 2010, S. 26). In dem Bericht *„Mit dem Patent zum Erfolg"* zur Förderinitiative SIGNO (Schutz von Ideen für die gewerbliche Nutzung) des BMWi wird dargestellt, dass etwa 70 % der weltweit verfügbaren, technischen Informationen ausschließlich in Patenten veröffentlicht werden (BMWi, 2010). Weitere Quellen sprechen in diesem Zusammenhang sogar von bis zu 80 % (Blackman, 1995; Xianjin und Minghong, 2010; Park et al., 2013; Asche, 2017; Gassmann und Bader, 2017). Patentdatenbanken, in denen Patente auf komfortable Weise zugänglich gemacht werden, können daher auch als die moderne, virtuelle Bibliothek von Alexandria[1] bezeichnet werden (Rivette und Kline, 2000; Stobbs, 2002).

Die in dieser virtuellen Bibliothek vorhandenen Daten werden für Unternehmen zu nützlichen Informationen, wenn sie in einen unternehmensrelevanten Bedeutungskontext gestellt werden, um aus betriebswirtschaftlicher Sicht beispielsweise als Grundlage für Entscheidungen verwendet zu werden (North, 2016). Da eine Information auch als Rohstoff bezeichnet werden kann, aus der *„Wissen generiert wird, und [als] die Form, in der Wissen kommuniziert und gespeichert wird"* (North, 2016, S. 37), bieten Patentdatenbanken Unternehmen die Möglichkeit, die gespeicherten Patentinformationen in unternehmensrelevantes Wissen zu überführen. Dies wird durch die zweckdienliche Verknüpfung der entsprechenden Informationen mit den Kenntnissen und Fähigkeiten von Individuen aus dem Unternehmen erreicht (Albrecht, 1993; Probst et al., 2012). Wissen bezeichnet demnach eine auf Daten und Informationen gestützte Gesamtheit der *„Kenntnisse und Fähigkeiten, die Individuen zur Lösung von Problemen einsetzen"* (Probst et al., 2012, S. 23).

Zur Überführung der Patentdaten in einen unternehmensrelevanten Bedeutungskontext und somit in unternehmensrelevante Informationen, bestehen verschiedene Methoden

---

[1] Die antike Bibliothek von Alexandria wurde im Jahr 330 v. Chr. unter Alexander dem Großen in Alexandria, Ägypten, erbaut und gilt als größte Bibliothek dieser Zeit. Sie verfügte unter anderem über einen außergewöhnlich hohen Bestand an technischen Informationen, welcher bis heute als verloren gilt (Stobbs, 2002; Simon, 2008).

© Springer Fachmedien Wiesbaden GmbH, ein Teil von Springer Nature 2019
M. Wustmans, *Patent Intelligence zur unternehmensrelevanten Wissenserschließung*,
Forschungs-/ Entwicklungs-/ Innovations-Management,
https://doi.org/10.1007/978-3-658-24066-0_1

zur Informationserschließung, die zusätzlich die Überführung der Informationen in Wissen unterstützen. Methoden, bei denen strukturierte Patentdaten (beispielsweise die Namen der Anmelder oder Erfinder) analysiert werden, können unter dem Begriff Data-Mining zusammengefasst werden (Walter und Schnittker, 2016). Text-Mining hingegen beschreibt Methoden, bei denen die textbasierten (unstrukturierten) Patentdaten die Grundlage zur Informationserschließung bilden (Walter und Schnittker, 2016). Die Analyse grafischer Strukturen und bildlicher Informationen, wie beispielsweise Anspruchszusammenhänge, chemische Formeln oder Abbildungen, zählen zu den Methoden, die unter dem Begriff Graph-Mining klassifiziert werden (Leskovec et al., 2005; Cook und Holder, 2006; Hanbury et al., 2011; Csurka, 2017). Im Zusammenhang mit der Überführung der gewonnenen technischen, wirtschaftlichen und rechtlichen Informationen in Wissen und der Nutzung dieses Wissens für unternehmensrelevante Entscheidungen, beginnt sich der Begriff Patent Intelligence zu etablieren (Cantrell, 1997; Trippe, 2003; Park et al., 2013; Wustmans und Möhrle, 2017).

Wenngleich Unternehmen heutzutage Zugriff auf verschiedene Patentdatenbanken haben und diese, unterstützt durch die modernen Methoden des Data-, Text- und Graph-Minings, systematisch erschließen können, nutzen viele Unternehmen Patentinformationen hauptsächlich aus Schutzaspekten, beispielsweise zur Feststellung der eigenen Handlungsfreiheit, zur Analyse von Patentrechtsverletzungen oder zur Ermittlung des Standes der Technik bezüglich einer Technologie. Die Nutzung der Patentinformationen speziell für das strategische Management sowie zur Unterstützung der Entscheidungsfindung, scheint jedoch weniger verbreitet (Kjaer, 2009; Harrison und Sullivan, 2011; Wustmans und Möhrle, 2017). Vor diesem Hintergrund stellt sich in dieser Arbeit die grundlegende Frage, wie Unternehmen der Zugang zur modernen, virtuellen Bibliothek von Alexandria erleichtert werden kann und wie die Überführung der dort vorhandenen Daten in unternehmensrelevantes Wissen das strategische Management unterstützt.

1.1 Relevanz der Arbeit

Patentinformationen können von einem Unternehmen als Quelle zur Wissenserschließung und zur Gewinnung von Wettbewerbsvorteilen genutzt werden (Gassmann und Bader, 2017). Neben der Nutzung zum Schutz des eigenen Unternehmens, können Patentinformationen auch für weitere Aspekte die Grundlage zur Wissenserschließung darstellen. Sie können zur Wettbewerberprofilierung auf einem bestimmten Markt, zur Ideenfindung bzw. -generierung, zur Technologiefeldexploration oder zur Technologievorausschau verwendet werden (Thorleuchter et al., 2010; Moehrle und Gerken, 2012; Park et al., 2013; Frischkorn, 2017; Niemann et al., 2017; Song et al., 2017). Auch für diese Anwendungsfälle können Methoden des Data-, Text- und Graph-Mining angewendet werden. So kann mittels Data-Mining zum Beispiel eine Anmelder- bzw. Erfinderanalyse, eine Patentklassenanalyse oder eine Zitationsanalyse durchgeführt werden (Park et al., 2005; Kelley et al., 2013; Dong et al., 2017). Auf Basis dieser Analysen können verschiedene Patentindikatoren ermittelt werden, die unter anderem die Patentaktivität, die technologische Wettbewerbsposition oder die Bedeutung des Technologiefelds für das Unternehmen herausstellen (Ernst, 2003; Frischkorn, 2017). Die Methoden des Text-Minings können darüber hinaus inhaltliche Ähnlichkeiten aufspüren, um beispielsweise die Relevanz eines Patents für das eigene Unternehmen zu ermitteln, Patentverletzungen zu identifizieren oder Strukturen als Basis für die Technologievorausschau zur Verfügung zu stellen (Yoon und Park, 2004; Bergmann et al., 2008; Moehrle, 2010; Niemann, 2014; Song et al., 2017). Mit Hilfe des Graph-Minings können Strukturen in Ansprüchen identifiziert oder Abbildungen, Diagramme sowie chemische Strukturen in Patenten auf Ähnlichkeiten hin untersucht werden (Hanbury et al., 2011; Lee et al., 2013). Die verschiedenen Methoden des Data-, Text- und Graph-Minings unterstützen demnach die Überführung der Patentdaten in unternehmensrelevante Informationen sowie die Wissenserschließung. Die Methoden geben jedoch in der Regel Antwort auf spezifische Fragestellungen, bei denen ausgewählte Patentdaten herangezogen werden. Außerdem werden häufig keine Hinweise auf die Implementierung der Methoden in Unternehmen gegeben.

Zur Implementierung der Methoden in Unternehmen werden in der Literatur verschiedene Prozessmodelle zur Patentrecherche und -analyse beschrieben. Zu diesen zählen die in Abbildung 1-1 und Abbildung 1-2 dargestellten Modelle von FAYYAD et al. (1996), FAIX (1998), TSENG et al. (2007), MOEHRLE et al. (2010), PARK et al. (2013), ABBAS et al. (2014) sowie WALTER UND SCHNITTKER (2016).

Die Prozessmodelle zur Patentrecherche und -analyse zeigen strukturierte Abläufe zur Überführung von Patentdaten in einen unternehmensrelevanten Bedeutungskontext sowie zur zweckdienlichen Verknüpfung der Informationen für die Wissenserschließung. Den Prozessmodellen ist gemein, dass in Form einer Recherche relevante Daten aus Patenten identifiziert werden. Diese können in unterschiedlichen Datenbanken vorliegen und auf verschiedene Weisen recherchiert werden.[2] Lediglich TSENG et al. (2007) scheinen einen Schritt vor der eigentlichen Recherche anzusetzen, indem im Vorfeld der Recherche die Aufgabe identifiziert wird. Im Anschluss an die Erhebung der relevanten Daten folgt in allen Prozessmodellen die Analyse. In diesem Abschnitt schlagen MOEHRLE et al. (2010) beispielsweise eine Analyse der Patenttexte oder der bibliografischen Daten vor, um die Informationen zweckdienlich mit den Kenntnissen und Fähigkeiten von Individuen aus dem Unternehmen zu verknüpfen.

Auf die Analyse folgen, je nach Prozessmodell, eine Visualisierung und eine Interpretation der Informationen, sodass die Überführung und Weitergabe des Wissens ermöglicht wird. Einige der aufgeführten Modelle gehen überdies noch auf eine anschließende Verwendung des Wissens ein. WALTER UND SCHNITTKER (2016) geben beispielsweise Hinweise auf die strategische Verwendung der analysierten Patentinformationen, FAIX (1998) hingegen thematisiert die aus den Pateninformationen abgeleitete Beurteilung und Empfehlung. PARK et al. (2013) sprechen in diesem Zusammenhang von einer Form der Intelligence, die sich speziell aus Patentlandkarten bzw. -netzwerken ableiten lässt.

---

[2] Eine Übersicht zu verschiedenen Rechercheanarten gibt beispielsweise ALBERTS et al. (2017)

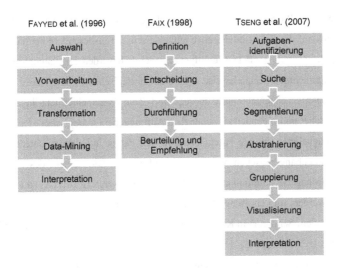

Abbildung 1-1: Prozessmodelle zur Analyse von Patentinformationen (1/2). Quelle: Eigene Darstellung in Anlehnung an FAYYAD et al. (1996), FAIX (1998) sowie TSENG et al. (2007).

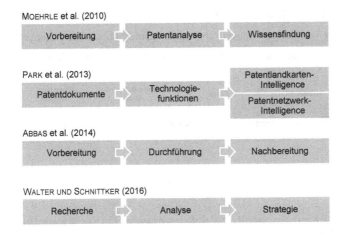

Abbildung 1-2: Prozessmodelle zur Analyse von Patentinformationen (2/2). Quelle: Eigene Darstellung in Anlehnung an MOEHRLE et al. (2010), PARK et al. (2013), ABBAS et al. (2014) sowie WALTER UND SCHNITTKER (2016).

Die bestehenden Prozessmodelle zur Patentrecherche und -analyse scheinen Schwächen im Hinblick auf die Patent Intelligence aufzuweisen, die insbesondere bei näherer Betrachtung des Ablaufs der Patent Intelligence ersichtlich werden. Die Patent Intelligence wird in Unternehmen beispielsweise von einem strategischen Manager beauftragt und von einer internen Patentabteilung durchgeführt. Zum Zweck einer detaillierten Eruierung wird daher im Folgenden zwischen dem Auftraggeber (strategischer Manager) und dem Auftragnehmer (interne Patentabteilung) der Patent Intelligence unterschieden.[3] Der Zusammenhang zwischen Auftraggeber und -nehmer kann anhand des klassischen Sender-Empfänger-Kommunikationsmodells nach SHANNON UND WEAVER (1949) beschrieben werden. Im klassischen Kommunikationsmodell wird zwischen der Informationsquelle, dem Sender, dem Kanal, dem Empfänger, dem Ziel und der Störquelle unterschieden (Abbildung 1-3). Die Informationsquelle ist Auslöser der Nachricht, die vom Sender über den Kanal mit einem bestimmten Ziel an den Empfänger übermittelt wird. Bei der Übermittlung über den Kanal können Störungen auftreten, die durch eine Störquelle verursacht werden und das Signal verändern. Im klassischen Sender-Empfänger-Kommunikationsmodell kann die Informationsquelle beispielsweise eine Person sein, die per Telefon einer anderen Person eine Nachricht übermittelt. Leitungsprobleme als Störquelle können zu Missverständnissen zwischen Sender und Empfänger führen.

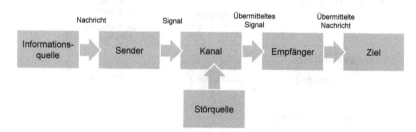

Abbildung 1-3: Klassisches Sender-Empfänger-Kommunikationsmodell. Quelle: Eigene Darstellung in Anlehnung an SHANNON UND WEAVER (1949) sowie SHANNON (2001).

---

[3] Auftraggeber und Auftragnehmer der Patent Intelligence können auch weitere unternehmensinterne und -externe Personen darstellen. Auftraggeber und Auftragnehmer sind außerdem nicht zwangsläufig einzelne Personen, sondern können eine Gruppe von mehreren Personen umfassen. Für die gesamte Arbeit gilt darüber hinaus, dass sämtliche personenbezogenen Bezeichnungen geschlechtsneutral zu verstehen sind.

Zum klassischen Kommunikationsmodell nach SHANNON UND WEAVER (1949) gibt es bereits viele Erweiterungen.[4] Diese Erweiterungen sind vor allem darauf zurückzuführen, dass innerhalb des klassischen Kommunikationsmodells keine Rückkopplung zwischen Sender und Empfänger modelliert wird oder dass das Vorwissen des Senders sowie des Empfängers unberücksichtigt bleibt. Außerdem sind im klassischen Kommunikationsmodell Störquellen hauptsächlich technischen Ursprungs. Dennoch bietet das klassische Kommunikationsmodell die Grundlage für viele weitere Kommunikationsmodelle und verdeutlicht auch die Beziehungen und möglichen Störquellen zwischen Auftraggeber und -nehmer der Patent Intelligence.

Angewandt auf den Ablauf der Patent Intelligence ist die Informationsquelle im Kommunikationsmodell aus Sicht des Auftraggebers eine patentbezogene Fragestellung, mit der sich der Auftraggeber auseinandersetzt (Abbildung 1-4). Auf Basis der Beantwortung der Fragestellung möchte der Auftraggeber eine Entscheidung treffen oder entsprechende Konsequenzen ziehen. Der Sender im Kommunikationsmodell ist in diesem Fall der Auftraggeber selbst, der über übliche Kommunikationswege (beispielsweise Telefon, Email oder persönliche Mitteilung) den Auftragnehmer auffordert, seine Fragestellung mit Hilfe von Patentinformationen zu beantworten. Aufgrund einer wechselseitigen Kommunikation zwischen Auftraggeber und -nehmer wird auch für die Patent Intelligence das klassische Kommunikationsmodell um eine Rückkopplung erweitert. Die Rückkopplung resultiert aus der Beantwortung der Fragestellung durch den Auftragnehmer. Aus Sicht des Auftragnehmers bestehen die Informationsquellen aus der Fragestellung des Auftraggebers und die ihm zugänglichen Patentinformationen, mit denen er die Fragestellung beantworten möchte. Der Sender ist nun der Auftragnehmer, der wiederum über übliche Kommunikationswege dem Auftraggeber die Antwort auf seine Fragestellung übermittelt, sodass dieser eine entsprechende Entscheidung treffen oder Konsequenzen ziehen kann.

---

[4] Erweiterte Kommunikationsmodelle unterscheiden unter anderem zwischen Individual- und Massenkommunikation und gehen auch auf das bestehende Wissen und das damit einhergehende Verständnis der teilnehmenden Individuen ein. Neben der Betrachtung von Sender-Empfänger Beziehungen sprechen einige Kommunikationsmodelle zusätzlich von einer Wechselwirkung zwischen einem Kommunikator und einem Rezipienten (vgl. beispielsweise Meyer-Eppler, 1959; Riley und Riley, 1959; DeFleur, 1966; Schulz von Thun, 1981, 1989, 1998).

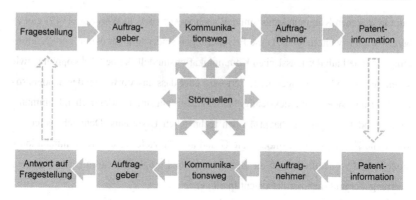

Abbildung 1-4: Kommunikationsmodell zwischen dem Auftraggeber und dem Auftragnehmer der Patent Intelligence. Quelle: Eigene Darstellung in Anlehnung an SHANNON UND WEAVER (1949) sowie DEFLEUR (1966).

Auch im Kommunikationsmodell zwischen dem Auftraggeber und dem Auftragnehmer der Patent Intelligence können Störquellen auftreten, die jedoch nicht immer einen technischen Ursprung haben müssen. Diese Störquellen wirken sich sowohl auf den Kommunikationsweg als Kanal als auch auf die verschiedenen weiteren Komponenten des Modells aus. Zu möglichen Störquellen in der Kommunikation zwischen dem Auftraggeber und dem Auftragnehmer der Patent Intelligence gehören beispielsweise folgende:

- Dem Auftraggeber ist nicht bewusst, welche Patentinformationen bereitgestellt werden können und welche Möglichkeiten es zur Wissenserschließung aus Patentinformationen gibt. Außerdem ist ihm möglicherweise nicht bekannt, welche Recherchen und Analysen ihn bestmöglich bei der Entscheidungsfindung unterstützen können.

- Der Auftragnehmer hat, bedingt durch die Vielzahl an Möglichkeiten zur Informationserschließung, keine Übersicht über die vorhandenen Methoden und deren Auswirkungen auf mögliche unternehmensrelevante Entscheidungen.

- Der Auftragnehmer bekommt vom Auftraggeber unzureichende Informationen, um die Fragestellung zufriedenstellend beantworten zu können. Zusätzlich herrscht ein heterogenes Verständnis über die Nutzung von Patentinformationen und die Erwartungshaltung an die Ergebnisse.

- Die Ergebnisse der Informationserschließung sind für den Auftraggeber unverständlich und stellen daher eine zusätzliche Belastung anstelle einer Unterstützung dar.

- Zwischen dem Auftraggeber und Auftragnehmer fehlt es an geregelten Abläufen, welche die Kommunikation fördern und die Wissenserschließung aus Patentinformationen sowie die Nutzung des Wissens für unternehmensrelevante Entscheidungen unterstützen.

Im Hinblick auf die Störquellen werden die Schwächen der betrachteten Prozessmodelle zur Patentrecherche und -analyse deutlich. Eine Schwäche besteht in der nicht explizit berücksichtigten Fragestellung des Auftraggebers sowie einer mangelnden Rückkopplung zwischen den beteiligten Personen. Eine weitere Schwäche liegt in der unberücksichtigten Auswirkung der Patentinformationen auf unternehmensrelevante Entscheidungen. Im Hinblick auf die Patent Intelligence fehlen den Prozessmodellen demnach wesentliche Bestandteile. Darüber hinaus stellt auch die fehlende Definition von Patent Intelligence Fähigkeiten eine Schwäche der Prozessmodelle zur Patentrecherche und -analyse dar. Diese Fähigkeiten werden zur Beantwortung der patentbezogenen Fragestellung und zur Überführung der Patentinformationen in unternehmensrelevantes Wissen benötigt. Um die Patent Intelligence Fähigkeiten in Unternehmen zu implementieren, denen unterschiedliche Mittel für die Wissenserschließung aus Patentinformationen zur Verfügung stehen, mangelt es außerdem an einer Skalierbarkeit der Fähigkeiten sowie Möglichkeiten zur Weiterentwicklung und Analyse.

Die Relevanz zur Adressierung der offengelegten Schwächen in den Prozessmodellen ergibt sich aus den Wettbewerbsvorteilen, die mit der Wissenserschließung aus Patentinformationen einhergehen (Ernst, 2003; Gassmann und Bader, 2017). Weiterhin war in den vergangenen Jahren ein Anstieg in der Entwicklung von Softwareprodukten zu verzeichnen, die speziell die Wissenserschließung für das strategischen Management unterstützen (Moehrle et al., 2010; Wustmans und Möhrle, 2017).[5]

---

[5] Die Relevanz konnte zusätzlich bereits in Fachzeitschriften und einem Fachbuch dargestellt werden (vgl. hierzu Moehrle et al., 2017a; Walter et al., 2017b; Wustmans und Möhrle, 2017; Möhrle et al., 2018).

Zur Adressierung der offengelegten Schwächen sind in den vergangenen Jahren bereits erste Bemühungen angestoßen worden. Zu diesen zählen Bestrebungen zur Zertifizierung von Patentinformationsspezialisten sowie zur Erstellung einer ISO-Norm für die Standardisierung von Terminologie, Werkzeugen, Methoden und Interaktionen im Innovationsmanagement, die auch das Patentmanagement betrifft (Adams, 2004; Nijhof, 2007; Hantos, 2011; QPIP, 2017; Technical-Committee, 2017). Diese Arbeit unterstützt diese Bemühungen, sodass Unternehmen in Zukunft qualifizierte Mittel und Methoden für die Patent Intelligence bereitstehen.

1.2 Zielsetzung und forschungsleitende Fragestellungen

Ziel dieser Arbeit ist das Aufzeigen von Möglichkeiten, die beschreiben, wie Patent Intelligence in Unternehmen implementiert werden kann, denen unterschiedliche Mittel für die Wissenserschließung aus Patentinformationen zur Verfügung stehen. Zusätzlich strebt diese Arbeit die Darstellung von Wegen zur Analyse und systematischen Weiterentwicklung von Patent Intelligence Fähigkeiten innerhalb der unternehmerischen Praxis an. Als Grundlage zur Erreichung der Ziele dient das sogenannte 7D Reifegradmodell für das Patentmanagement, welches am Institut für Projektmanagement und Innovation (IPMI) der Universität Bremen entwickelt wurde (vgl. hierzu Moehrle et al., 2017a; Walter et al., 2017b; Wustmans und Möhrle, 2017; Möhrle et al., 2018; Wustmans et al., under review). Das 7D Reifegradmodell umfasst Fähigkeiten im Patentmanagement, welche in Reifestufen beschrieben sind und auf umfangreichen Literaturrecherchen beruhen. Es dient Unternehmen der Analyse von Stärken und Schwächen im Hinblick auf Fähigkeiten im Bereich Patentmanagement und wird im Rahmen dieser Arbeit erstmalig in der unternehmerischen Praxis im Bereich der Patent Intelligence angewendet. Ein weiteres Ziel der Arbeit stellt folglich die Überprüfung der Anwendbarkeit des 7D Reifegradmodells in der Dimension Intelligence dar.

Zielgruppe dieser Arbeit sind technologieorientierte Unternehmen, denen unterschiedliche Mittel (Personen, Gelder, Softwareprodukte, etc.) für die Patent Intelligence zur Verfügung stehen. Unter technologieorientierten Unternehmen werden jene Unternehmen zusammengefasst, die im weitesten Sinne mit Technologien, nicht nur physischen, sondern auch digitalen Ursprungs, in Berührung stehen und Patentinformationen als unternehmensrelevante Informationen betrachten.

Aus der Problem- und Zielstellung dieser Arbeit ergeben sich die folgenden fünf forschungsleitenden Fragestellungen:

F1:   Welche Fähigkeiten werden für die Patent Intelligence benötigt?

F2:   Welche Möglichkeiten zur Analyse der Patent Intelligence Fähigkeiten bietet das 7D Reifegradmodell für das Patentmanagement?

F3:   Wie sind Patent Intelligence Fähigkeiten in Unternehmen implementiert, denen unterschiedliche Mittel zur Erschließung von Wissen aus Patentinformationen zur Verfügung stehen?

F4:   Wie können Patent Intelligence Fähigkeiten bei Bedarf systematisch weiterentwickelt werden?

F5:   In welchem Zusammenhang stehen die Patent Intelligence Fähigkeiten?

Zur Beantwortung der forschungsleitenden Fragestellungen werden auf Basis von Fallstudien vor allem zwei Sichtweisen auf Unternehmen der Zielgruppe näher betrachtet. In der ersten Sichtweise wird das strategische Management als ein Auftraggeber der Patent Intelligence analysiert, da das strategische Management durch die Überführung der Patentinformationen in unternehmensrelevantes Wissen fundierter Entscheidungen treffen kann. In der zweiten Sichtweise werden unternehmensinterne Patentabteilungen bzw. Patentverantwortliche als Auftragnehmer analysiert, da diese die Patentinformationen bereitstellen und die Überführung in unternehmensrelevantes Wissen unterstützen.

1.3   Aufbau und Inhalt

Die Beantwortung der forschungsleitenden Fragestellungen erfolgt in insgesamt sieben Hauptkapiteln. Im Anschluss an die Einleitung in Kapitel 1 werden in Kapitel 2 die begrifflichen Grundlagen der Arbeit erläutert. Dazu werden das Patent als geistiges Eigentumsrecht und das Patentmanagement im Kontext unternehmensrelevanter Entscheidungen beschrieben. Daran anschließend folgt eine auf Deduktion und Induktion basierende

Definition des Begriffs Patent Intelligence. Im Anschluss an die Darstellung der begrifflichen Grundlagen erfolgt in Kapitel 3 die Einordnung der Arbeit in die Theorie. Auf Grundlage der ressourcenbasierten Theorie und des Ansatzes der dynamischen Fähigkeiten werden Propositionen abgeleitet, die den Zusammenhang zwischen der Theorie und der Patent Intelligence erklären und die Bedeutung der Patent Intelligence für das strategische Management aufzeigen. Weiterhin wird das 7D Reifegradmodell für das Patentmanagement vorgestellt. Dies stellt die Grundlage zur Beschreibung und Analyse der Patent Intelligence Fähigkeiten dar. Im nächsten Schritt erfolgt in Kapitel 4 die Beschreibung des methodischen, fallstudienbasierten Vorgehens. In insgesamt vier Fallstudien werden anhand des 7D Reifegradmodells die Patent Intelligence Fähigkeiten in der unternehmerischen Praxis analysiert. Die Ergebnisse der durchgeführten Fallstudien werden in Kapitel 5 und in Kapitel 6 beschrieben. Kapitel 5 geht auf die Implementierung und mögliche Weiterentwicklung der Patent Intelligence Fähigkeiten in Unternehmen ein, denen unterschiedliche Mittel für die Erschließung von Wissen aus Patentinformationen zur Verfügung stehen. Kapitel 6 zeigt das Zusammenspiel der Patent Intelligence Fähigkeiten, indem der iterative Ablauf der Patent Intelligence näher analysiert wird. Die Ergebnisse der Arbeit werden abschließend in Kapitel 7 zusammengefasst, reflektiert sowie kritisch gewürdigt. Anreize für weitere Forschungsarbeiten sowie Limitation runden die Arbeit ab.

2 Begriffliche Grundlagen

Nachdem die Relevanz und Ziele der Arbeit beschrieben wurden, erfolgt im zweiten Kapitel die Darstellung und Definition der begrifflichen Grundlagen. Dazu werden zunächst das Patent als geistiges Eigentumsrecht (*Intellectual Property Right* [IPR]) beschrieben und das Patentmanagement im Kontext unternehmensrelevanter Entscheidungen betrachtet. Abschließend werden auf Basis einer Deduktion und einer Induktion der Begriff Patent Intelligence definiert und Methoden der Patent Intelligence vorgestellt.

2.1 Patent als geistiges Eigentumsrecht

Unternehmen und Einzelpersonen, die den Wettbewerb über Innovationen austragen und auf diese Weise unternehmerische Gewinne erwirtschaften wollen, sind gezwungen, sich mit Möglichkeiten zum Schutz ihrer Erfindungen gegenüber Imitation zu beschäftigen (Burr et al., 2007; Gassmann und Bader, 2017). Patente als eine Möglichkeit zum territorialen Schutz der Erfindung gehören zu den gebräuchlichen Formen der technischen gewerblichen Schutzrechte, welche wiederum zu den Arten der geistigen Eigentumsrechte zählen (Burr et al., 2007; Walter und Schnittker, 2016). Patente werden vom zuständigen Staat sowohl für Erzeugniserfindungen als auch für Verfahrenserfindungen erteilt, wenn diese neu sind, auf einer erfinderischen Tätigkeit beruhen und gewerblich anwendbar sind (Burr et al., 2007; §1, §3, §4 und §5 PatentG, 2017). Das Patent verleiht „*seinem Inhaber das Recht, für ein bestimmtes territoriales Gebiet und für einen begrenzten Zeitraum Dritten untersagen zu können, die Erfindung gewerblich zu nutzen, insbesondere herzustellen, zu gebrauchen, anzubieten, zu lagern, zu importieren oder zu verkaufen*" (Gassmann und Bader, 2017, S. 10). Der generelle Nutzen eines Patents wird nicht nur dem Inhaber durch das ausschließliche Recht der kommerziellen Nutzung der patentierten Erfindung zugeschrieben, sondern durch eine Offenlegung des Patents profitiert auch die Gesellschaft, da auf diese Weise weitere Innovationen sowie der Technologietransfer gefördert werden (können) (Walter und Schnittker, 2016; Gassmann und Bader, 2017).

Die Offenlegung des Patents und somit der technischen Informationen erfolgt innerhalb der Bestandteile eines Patents. Zu diesen gehören unter anderem die bibliografischen

© Springer Fachmedien Wiesbaden GmbH, ein Teil von Springer Nature 2019
M. Wustmans, *Patent Intelligence zur unternehmensrelevanten Wissenserschließung*,
Forschungs-/ Entwicklungs-/ Innovations-Management,
https://doi.org/10.1007/978-3-658-24066-0_2

Daten (beispielsweise Besitzer, Erfinder, Anmeldedatum, Patentklasse, Zitationen, Patentfamilie), die textbasierten Daten (beispielsweise Titel, Kurzzusammenfassung, Ansprüche und Beschreibung) sowie verschiedene grafische Darstellungen (beispielsweise Abbildungen in Form von technischen Zeichnungen bzw. Skizzen und/oder chemische Formeln). In Bezug auf die Datengrundlage kann zwischen strukturierten (bibliografischen) und unstrukturierten (textbasierten, grafischen) Patentdaten unterschieden werden (Hanbury et al., 2011; Walter und Schnittker, 2016).

Das ausschließliche Recht der kommerziellen Nutzung der Erfindung ist zeitlich begrenzt. Die Laufzeit eines Patents kann durch die Entrichtung einer jährlich anfallenden Gebühr in der Regel bis zu 20 Jahre nach dem Anmeldetag aufrechterhalten werden (Walter und Schnittker, 2016). Die Kosten für die Erstellung und Aufrechterhaltung eines Patents hängen neben länderspezifischen Gebühren von verschiedenen Faktoren, wie zum Beispiel internen Personalkosten und Patentanwaltskosten ab. Als Richtlinie geben GASSMANN UND BADER (2017) an, dass *„über eine Laufzeit von 10 Jahren [...] bei einem größeren Patentportfolio in Nordamerika (USA, Kanada) für den Patentschutz einer Erfindung mit akkumulierten Gesamtkosten von etwa 15.000 €, in Europa (Deutschland, Österreich, Schweiz, Großbritannien, Frankreich und Italien) mit etwa 25.000 € und im asiatischen Raum (Japan, Südkorea, China und Taiwan) ebenfalls mit etwa 25.000 € zu rechnen [ist]"* (Gassmann und Bader, 2017, S. 58).

Die weltweite Patentanzahl und auch der Umfang eines Patents, gemessen an der Anzahl der Seiten sowie der Anzahl der Ansprüche, sind in dem Zeitraum von 1978 bis 2004 signifikant angestiegen (Archontopoulos et al., 2007). Auch in Deutschland steigt die Zahl der Patente. So wurden zum Beispiel im Jahr 2016 beim Deutschen Patent- und Markenamt (DPMA) 67.898 Patente angemeldet, welches einer Steigerung von 1,5 % im Vergleich zum Vorjahr und einer Steigerung von 12,5 % im Vergleich zum Jahr 2010 entspricht. Darüber hinaus waren in Deutschland im Jahr 2016 insgesamt 615.404 Patente gültig (DPMA, 2017).

Zu weiteren geistigen Eigentumsrechten mit einem zeitlich befristeten Ausschließungsrecht gehören neben Patenten beispielsweise auch Gebrauchsmuster, Designschutz,

Marken oder Urheberrechte.[6] Zusätzlich können Ideen auch über Geschäftsgeheimnisse geschützt werden (Burr et al., 2007).

Gebrauchsmuster können für Erzeugniserfindungen, jedoch nicht für Verfahrenserfindungen angemeldet werden (Burr et al., 2007). Die Schutzdauer eines Gebrauchsmusters beträgt zunächst drei Jahre, kann aber auf eine maximale Schutzdauer von zehn Jahren ausgeweitet werden (Walter und Schnittker, 2016).

Im Gegensatz zu Gebrauchsmustern dient der Designschutz (oder das Geschmacksmuster) „dem Schutz der ästhetischen Gestaltung eines Gegenstands oder einer Fläche unter der Voraussetzung, dass diese für die Eigenständigkeit und für eine unverwechselbare Erscheinung des Erzeugnisses wichtig sind" (Burr et al., 2007, S. 5). Die maximale Schutzdauer des Designschutzes beträgt 25 Jahre (Walter und Schnittker, 2016).

Unter einer Marke können „alle Zeichen, insbesondere Wörter einschließlich Personennamen, Abbildungen, Buchstaben, Zahlen, Hörzeichen, dreidimensionale Gestaltungen einschließlich der Form einer Ware oder ihrer Verpackung sowie sonstige Aufmachungen einschließlich Farben und Farbzusammenstellungen geschützt werden, die geeignet sind, Waren oder Dienstleistungen eines Unternehmens von denjenigen anderer Unternehmen zu unterscheiden" (§3 Abs. 1 MarkenG, 2017). Die Schutzdauer für eine Marke beträgt zunächst zehn Jahre, welche anschließend unbegrenzt um weitere 10 Jahre verlängerbar ist (§47 Abs. 1, 2 MarkenG, 2017).

Als Urheberrecht, oder auch Copyright, wird der Schutz von Werken der Literatur, Wissenschaft und Kunst sowie Softwareprodukten bezeichnet (Burr et al., 2007). Die Schutzdauer wird dem Urheber bzw. Angehörigen bis zu 70 Jahre nach dem Tod des Urhebers gewährt (Burr et al., 2007).

Im Gegensatz zu den bereits beschriebenen Schutzrechten werden Geschäftsgeheimnisse weder bei einer Behörde registriert, noch offengelegt. Der Schutz von Geschäftsgeheimnissen ist durch das sogenannte *Trade-related Aspects of Intellectual Property Rights* (TRIPS) Abkommen geregelt (Burr et al., 2007). Neben Geschäftsgeheimnissen

---

[6] Eine Übersicht über geistige Eigentumsrechte geben ENSTHALER UND WEGE (2013) sowie WALTER UND SCHNITTKER (2016).

wird im TRIPS Abkommen auch der Umgang mit weiteren geistigen Eigentumsrechten innerhalb der Mitgliederstaaten geregelt, um auf diese Weise einen Mindeststandard zu schaffen (BMZ, 2017).

2.2 Patentmanagement im Kontext unternehmensrelevanter Entscheidungen

Im Zusammenhang mit Patenten als gebräuchliche Form der technischen Schutzrechte werden zahlreiche Aufgaben beschrieben, die in verschiedenen Patentmanagementansätzen aufgegriffen werden. Diese Aufgaben beziehen sich auf die Planung, Steuerung und Überwachung von Aktivitäten im Zusammenhang mit Patenten, mit dem Ziel der bestmöglichen Umsetzung der Technologie- und Unternehmensstrategie (Specht et al., 2006; Walter und Schnittker, 2016).

Zur Schaffung eines für diese Arbeit relevanten Verständnisses des Patentmanagements wird nachfolgend der Begriff Patentmanagement auf Basis bestehender Definitionen und Annahmen analysiert. Dies erfolgt anhand des von MÖHRLE (1993) dargestellten Ablaufs zum interaktiven Definieren. In den vier Schritten des Ablaufs zum interaktiven Definieren geht es im ersten Schritt um die Einarbeitung in das Themengebiet, im zweiten Schritt um die Erstellung einer vorläufigen Definition, im dritten Schritt um die Analyse von Definitionen aus der Literatur und im vierten Schritt um die Synthese der in der eigenen Arbeit zu verwendenden Definition (Möhrle, 1993).

Die Einarbeitung in das Themengebiet als ersten Schritt des interaktiven Definierens erfolgt durch eine Auseinandersetzung mit der bestehenden Fachliteratur (Tabelle 2-1). Zu den Standardwerken der Fachliteratur im Bereich Patentmanagement können die Werke von BURR et al. (2007), KNIGHT (2013), WALTER UND SCHNITTKER (2016) sowie GASSMANN UND BADER (2017) gezählt werden. GRANSTRAND (1999) und HARHOFF (2011) beschreiben darüber hinaus in ihren Standardwerken das Patentmanagement als Teildisziplin des Managements geistigen Eigentums (*Intellectual Property* [IP]).

Tabelle 2-1: Standardwerke im Bereich Patent- und IP-Management. Quelle: Eigene Darstellung.

Autoren	Ansatz des Patent- und IP-Managements
GRANSTRAND (1999)	GRANSTRAND (1999) beschreibt verschiedene Möglichkeiten zur Ausübung des IP-Managements in Unternehmen. Er geht auf ein zentralisiertes, ein dezentralisiertes und ein ausgelagertes IP-Management ein.
BURR ET AL. (2007)	Für BURR et al. (2007) erfordert das Patentmanagement die Planung von Patentstrategien, um ein qualitativ hochwertiges und erfolgreiches Patentportfolio aufzubauen und es hinsichtlich seiner Fähigkeit zur Gewinnmaximierung zu bewerten.
HARHOFF (2011)	Das Patentmanagement kann nach HARHOFF (2011) auch als ein Teil des IP-Managements beschrieben werden, in welchem Strategien, Prozesse und Strukturen bestimmt werden, die den monetären und strategischen Wert des geistigen Eigentums eines Unternehmens optimieren sollen.
KNIGHT (2013)	KNIGHT (2013) zeigt auf, dass das Patentmanagement in Verbindung mit unterschiedlichen Patentstrategien gebracht wird, die vor allem auf die Anspruchsgestaltung zurückzuführen sind. KNIGHT (2013) formuliert vor allem die Entwicklung unterschiedlicher Patentstrategiemodelle für verschiedene Anwendungsszenarien. Die Anwendungsszenarien und die damit einhergehende Patentstrategie orientieren sich vor allem an den fünf W-Fragen (was, wann, wer, wie und wo). Demnach ist es entscheidend, was an der Erfindung patentiert wird, wann eine Patentanmeldung erfolgt, wer die Patentanmeldung ausarbeitet, wie viele Informationen preisgegeben werden und wo (in welchen Ländern) die Erfindung zum Patent angemeldet wird.
WALTER UND SCHNITTKER (2016)	Für WALTER UND SCHNITTKER (2016) steht das Patentmanagement eines Unternehmens häufig im Spannungsfeld zwischen dem Technologiemanagement, dem Innovationsmanagement sowie dem Forschungs- und Entwicklungsmanagement (FuE-Management). Das Patentmanagement hat zeitgleich immer zwei Sichtweisen. Eine nach innen gerichtete Sicht auf die eigenen Patente und eine nach außen gerichtete Sicht auf fremde Patente bzw. Patentanmeldungen. Insgesamt sollten dazu elf operative und sieben strategische Aufgabenfelder und Tätigkeiten bewältigt werden, die von Seiten des Patentmanagements zentral und übergreifend zu steuern sind.
GASSMANN UND BADER (2017)	Für GASSMANN UND BADER (2017) zählen zu den Aufgaben des Patentmanagements die Generierung, die Bewertung und die Verwertung von Patenten. Es werden vier Ausführungsformen für Großunternehmen unterschieden, namentlich die Stabsabteilung, die Integration in die Geschäftsbereiche, eine externe Technologiegesellschaft sowie externe Patentanwälte.

Nach Sichtung der Fachliteratur hinsichtlich der Patentmanagementansätze erfolgt im zweiten Schritt des Ablaufs zum interaktiven Definieren die Erstellung einer vorläufigen Definition auf Basis der Bestimmung von Oberbegriffen, Nebenbegriffen, Zwecken sowie Wirkungen. Als mögliche Oberbegriffe zum Patentmanagement kommen verschiedene Unternehmensfunktionen in Frage, denen das Patentmanagement zugeordnet werden kann. Hierzu zählen beispielsweise das IP-Management, das Technologiemanagement, das Innovationsmanagement sowie das FuE-Management (Granstrand, 1999;

Harhoff, 2011; Walter und Schnittker, 2016). Als Nebenbegriffe zum Patentmanagement werden das Markenmanagement oder das Management weiterer Schutzrechte (beispielsweise Marke, Designschutz oder Urheberrecht) betrachtet, von denen das Patentmanagement abgegrenzt werden kann. Der Zweck des Patentmanagements ergibt sich aus den Aufgaben im Umgang mit Patenten. In dieser Arbeit steht die Informationsbeschaffung und Wissenserschließung für das strategische Management im Vordergrund, wodurch das Patentmanagement die Aufgabe eines Informationsdienstleisters übernimmt. Die Wirkung, die dadurch hervorgerufen wird, ist die mögliche Gewinnung von Wettbewerbsvorteilen auf Basis von Patentinformationen (Gassmann und Bader, 2017). Auf diese Weise ergibt sich eine (weitere) betriebswirtschaftliche Relevanz des Patentmanagements, die zusätzlich durch eine große Bedeutung der Patentinformationen für das strategische Management bekräftigt werden kann (Ernst, 2003).

Im dritten Schritt des interaktiven Definierens werden bestehende Definitionen für das Patentmanagement untersucht. Neben den Definitionen und Betrachtungsweisen in den genannten Standardwerken, kann Patentmanagement als verantwortlich für die Gewinnung, Speicherung sowie Verwertung von interner sowie externer Technologie betrachtet werden, um damit zur unternehmerischen Wertschöpfung beizutragen und dem Unternehmen Handlungsfreiheit zu sichern (Ernst, 2002). Auf einer eher abstrakten Ebene beinhaltet das Patentmanagement zusätzlich die umfassende Planung, Steuerung und Überwachung aller Aktivitäten im Zusammenhang mit Patenten, mit dem Ziel der bestmöglichen Umsetzung der Technologie- und Unternehmensstrategie (Specht et al., 2006).

Im vierten Schritt erfolgt die Synthese der vorherigen Schritte zur Erstellung einer in dieser Arbeit verwendeten Definition. Da in dieser Arbeit die Informationsbeschaffung und Wissenserschließung aus Patentinformationen im Vordergrund stehen, werden dem Patentmanagement diese als (zusätzliche) Aufgaben zur Unterstützung des strategischen Managements zugesprochen. Das Patentmanagement kann folglich als Informationsdienstleister zur Beantwortung patentbezogener Fragestellungen angesehen werden. Die Aufgaben der Informationsbeschaffung und Wissenserschließung können dem Patentmanagement in verschiedenen Unternehmen von unterschiedlichen Abteilungen abverlangt werden, sodass das Patentmanagement als Informationsdienstleister in einem

Spannungsfeld zwischen verschiedenen Unternehmensfunktionen (beispielsweise IP-Management, Technologiemanagement, Innovationsmanagement und FuE-Management) stehen kann (vgl. hierzu Walter und Schnittker, 2016). Das Spannungsfeld lässt sich aus der Annahme ableiten, dass aus den genannten Unternehmensfunktionen heraus häufig die Auftraggeber der Patent Intelligence hervorgehen. Hierbei ist es zunächst zweitranging, ob das Patentmanagement des Unternehmens als Stabsabteilung, in einzelnen Geschäftsbereichen oder in einer externen Technologiegesellschaft agiert oder durch externe Patentanwälte vertreten ist (vgl. hierzu Gassmann und Bader, 2017).

2.3 Patent Intelligence zur Überführung von Informationen in Wissen

Übernimmt das Patentmanagement innerhalb eines Unternehmens die Aufgaben des Informationsdienstleisters, wird die Patent Intelligence dem Patentmanagement zugeordnet. Ähnlich wie das Patentmanagement selbst, kann die Patent Intelligence jedoch auch verschiedenen, weiteren Unternehmensfunktionen zugeordnet werden. Als mögliche weitere Unternehmensfunktionen kommen beispielsweise das IP-Management, das Technologiemanagement oder das Innovationsmanagement in Frage (vgl. Abbildung 2-1). Außerdem ist vorstellbar, dass die Patent Intelligence als eigene Stabsabteilung agiert, in Geschäftsbereiche integriert ist oder durch andere (interne oder externe) Unternehmensfunktionen bzw. -formen ausgeführt wird. Patent Intelligence kann demnach als integrative Unternehmensfunktion verstanden werden, die das strategische Management bei der Beantwortung patentbezogener Fragestellungen unterstützt, anhand derer unternehmensrelevante Entscheidungen getroffen werden können.

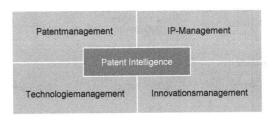

Abbildung 2-1: Mögliche Zuordnung der Patent Intelligence zu Unternehmensfunktionen. Quelle: Eigene Darstellung.

Zur Schaffung eines umfangreichen Verständnisses des Begriffs Patent Intelligence wird nachfolgend eine Definition basierend auf einer Deduktion und einer Induktion entwickelt. Als Deduktion wird bereits seit Aristoteles der Weg der Beweisführung vom Allgemeinen zum Speziellen verstanden; Induktion hingegen wird als Weg vom Einzelnen bzw. Speziellen zum Allgemeinen beschrieben (Kullmann, 1998).

Zur Herleitung einer Definition von Patent Intelligence wird der Begriff in der Deduktion Oberbegriffen zugeordnet, die bereits in der Literatur etabliert sind. Die integrativen Eigenschaften des Begriffs Patent Intelligence ermöglichen eine vielseitige Zuordnung zu diversen Oberbegriffen. In dieser Arbeit wird Patent Intelligence in der Deduktion als eine spezifische Form der Technologie Intelligence beschrieben, welche wiederum als Teildisziplin der Business Intelligence verstanden werden kann. Patent Intelligence liefert somit einen Beitrag zur (unternehmerischen) Intelligence (vgl. Abbildung 2-2). Auf diese Weise werden dem Begriff Eigenschaften der (unternehmerischen) Intelligence zugeschrieben und der integrative Charakter beibehalten.

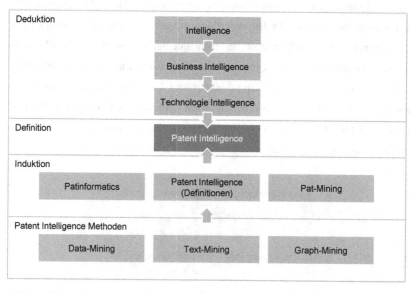

Abbildung 2-2: Deduktion und Induktion zur Definition sowie Methoden der Patent Intelligence. Quelle: Eigene Darstellung.

Über eine Induktion erfolgt anschließend die Gegenüberstellung bestehender Definitionen der Patent Intelligence sowie weiterer, verwandter Begriffe, die als Patinformatics und Pat-Mining bezeichnet werden. Die verwandten Begriffe sowie die Patent Intelligence nutzen zur Informationserschließung und Wissensgenerierung aus Patentdaten Methoden des Data-, Text- und Graph-Minings. Diese Methoden werden im Anschluss an die Definition des Begriffs Patent Intelligence näher betrachtet.

2.3.1 Deduktive Herleitung

In der Deduktion als Weg vom Allgemeinen zum Speziellen wird der zu definierende Begriff weiteren, in der Literatur etablierten Begriffen, untergeordnet. Patent Intelligence wird in dieser Arbeit den Begriffen Intelligence, Business Intelligence sowie Technologie Intelligence untergeordnet.

Intelligence bezeichnet im Allgemeinen eine durch Informationstechnologie (IT) unterstützte Überführung von Informationen in (neues) Wissen sowie eine Nutzung des generierten Wissens zur Unterstützung von (unternehmensrelevanten) Entscheidungen (Kemper et al., 2010). In diesem Zusammenhang kann Intelligence weiterhin in einen heuristischen und einen erkenntnistheoretischen (epistemologischen) Bereich unterteilt werden (vgl. hierzu und im Folgenden McCarthy und Hayes, 1969). Der heuristische Bereich wird als Mechanismus beschrieben, der auf der Grundlage von Informationen ein Problem löst und dadurch Entscheidungen herbeiführt. Dieser heuristische Bereich der Intelligence kann durch die IT-gestützte Sammlung von Informationen und deren Überführung in (neues) Wissen, wie beispielsweise über eine Mustererkennung, unterstützt werden. Der erkenntnistheoretische Bereich bezieht sich auf das Lösen von Problemen, basierend auf (vergangenen) Tatsachen bzw. Weltanschauungen und demnach auf Erfahrungen. Die Nutzung des generierten Wissens zur Entscheidungsfindung wird daher von weiteren Erfahrungen der Anwender unterstützt.

Unter Business Intelligence werden alle direkt und indirekt für die unternehmerische Entscheidungsfindung eingesetzten, IT-basierten Anwendungen verstanden, die neben einer Auswertungs- und Visualisierungsmethodik auch eine Datenaufbereitung und -speicherung beinhalten (Kemper et al., 2010). Im engeren Sinne umfasst Business Intelligence Informationssysteme, *„die auf der Basis interner Leistungs- und Abrech-nungsdaten sowie externer Marktdaten in der Lage sind, das Management in seiner pla-nenden, steuernden und koordinierenden Tätigkeit zu unterstützen"* (Chamoni und Gluchowski, 2004, S. 119). Des weiteren liefern MÜLLER UND LENZ (2013) eine weitere Definition: *„Business Intelligence wird so umschrieben, dass hierunter alle Aktivitäten in einer Unternehmung zusammengefasst werden, die der Integration, der qualitativen Verbesserung, der Transformation und der statistischen Analyse der operativen und ex-ternen Daten mit dem Ziel dienen, Informationen und letztendlich Wissen innerhalb ei-nes vorgegebenen Planungs-, Entscheidungs- und Controllingrahmens zu generieren"* (Müller und Lenz, 2013, S. 3). Im Fokus der Business Intelligence stehen demnach ver-schiedene Datenquellen aus denen Informationen extrahiert werden, um diese in unter-nehmensrelevantes Wissen zu überführen. Für die Business Intelligence stehen Metho-den zur Verfügung, die auf unterschiedliche interne sowie externe Datenquellen zugrei-fen und diese miteinander verknüpfen. In diesem Zusammenhang wird häufig der Begriff Big-Data verwendet. Die Daten können durch Methoden der Business Intelli-gence transparent dargestellt und in betriebswirtschaftliche Zusammenhänge überführt werden, wobei in der Regel immer der entscheidungsunterstützende Charakter im Vor-dergrund steht (Chamoni und Gluchowski, 2004).

Eine spezielle Form der Business Intelligence stellt die Technologie Intelligence dar. Unter Technologie Intelligence werden Aktivitäten verstanden, die durch Recherche und Analyse von relevanten Informationen grundlegende, zeitlich aufgelöste Erkennt-nisse bezüglich einer Technologie liefern. Auf diese Weise werden Trends sowie Chan-cen und Risiken bezüglich ausgewählter Technologien außerhalb des eigenen Unterneh-mens identifiziert, welche für die Entscheidungsfindung und Planungsprozesse heran-gezogen werden können (Savioz, 2004; Kerr et al., 2006; Safdari Ranjbar und Tavakoli, 2015). Zudem kann Technologie Intelligence als eine Reihe von Aktivitäten verstanden werden, die es einem Unternehmen ermöglicht, Technologievorstöße zu überwachen, welche die Produkte, Materialien, Prozesse und Märkte des eigenen Unternehmens be-treffen oder beeinflussen (Arman und Foden, 2010). Zu den Methoden der Technologie Intelligence zählen unter anderem das *Scanning, Monitoring, Forecasting, Scouting* so-wie *Tech-Mining* (vgl. hierzu und im Folgenden Safdari Ranjbar und Tavakoli, 2015).

Scanning kann als ein Suchprozess verstanden werden, der sich auf die Beobachtung und frühzeitige Erkennung von neuer, (vom Unternehmen) nicht ausgeschöpfter Technologie bezieht (vgl. zusätzlich Kerr et al., 2006; Mortara et al., 2009). *Monitoring* bezeichnet demgegenüber einen kontinuierlichen Prozess der Beobachtung und Bewertung bestehender Technologietrends, um mögliche Nischen zu identifizieren und Entwicklungen abschätzen zu können (vgl. zusätzlich Möhrle et al., 2009; Gerken, 2012). *Forecasting* bezieht sich vor allem auf die Beobachtung von technologischen Ereignissen, um mögliche zukünftige Entwicklungen zu prognostizieren (vgl. zusätzlich Trappey et al., 2011; Niemann, 2014; Niemann et al., 2017). *Scouting* ist definiert als die Bestimmung einer gewissen Anzahl interner und externer Fachkräfte zur Identifikation von Veränderungen und Entwicklungen von Wissenschaft und Technologie, die außerhalb des eigenen Unternehmens stattfinden (vgl. zusätzlich Wolff, 1992; Rohrbeck, 2010). *Tech-Mining* bezeichnet die Anwendung von Methoden und Hilfsmitteln im Bereich Wissenschaft und Technologie zur Extraktion von zusätzlichem Wissen und Zusammenhängen zur Unterstützung und Verbesserung des Innovationsprozesses (vgl. zusätzlich Porter und Cunningham, 2005; Albert, 2016).

Für die Technologie Intelligence stehen unterschiedliche Wege zur Informationserschließung zur Verfügung. So können neben Patentanalysen auch Publikationsanalysen, Bloganalysen, S-Kurvenanalysen, Benchmarking Studien, Portfolioanalysen, Delphi-Studien, Technologie-Roadmaps, Simulationen, Szenarioanalysen oder auch Qualitätsfunktionsdarstellungen durchgeführt bzw. aufgestellt werden, die auf verschiedenen Datenquellen (inklusiver menschlicher Auskünfte) beruhen (vgl. zusätzlich Porter und Cunningham, 2005; Gerken, 2012; Albert, 2016). Technologie Intelligence stellt den Oberbegriff zur Patent Intelligence dar, bei der Patentdaten als Informationsquelle genutzt werden und die daher als spezielle Form der Technologie Intelligence bezeichnet werden kann.

2.3.2 Induktive Herleitung

Für die Induktion erfolgt zunächst eine Literaturanalyse zu bestehenden Definitionen der Patent Intelligence. In der Literatur sind bislang wenige Definitionen speziell zu dem Begriff Patent Intelligence zu finden. Der Begriff taucht meistens im Zusammenhang mit der Recherche und Analyse von Patentinformationen auf.[7] In den nachfolgend dargestellten Publikationen nach CANTRELL (1997), TRIPPE (2003) und PARK et al. (2013) wird der Begriff Patent Intelligence speziell aufgegriffen und definiert.

CANTRELL (1997) spricht von Patent Intelligence im Zusammenhang mit einer *Competitive Intelligence,* die auf Patenten beruht, und unterscheidet zwischen einer *Legal Patent Intelligence* und einer *Commercial Patent Intelligence.* Unter *Legal Patent Intelligence* fasst CANTRELL (1997) Patentanalysen zusammen, die sich auf rechtliche Fragestellungen zur Patentfähigkeit beziehen oder auf Verletzungsrecherchen ausgerichtet sind. Unter *Commercial Patent Intelligence* hingegen werden Analysen zu technischen Fähigkeiten von Wettbewerbern sowie zur Vorausschau der Entwicklung von Technologien zusammengefasst. CANTRELL (1997) definiert folglich nicht speziell den Begriff Patent Intelligence, sondern ordnet den Begriff der Wettbewerberanalyse (*Competitive Intelligence*) zu. TRIPPE (2003) definiert Patent Intelligence als *"the use of patent information to identify the technical capabilities of an organization and the use of that intelligence to develop a strategy for strategic technical planning"* (Trippe, 2003, S. 211). TRIPPE (2003) geht folglich speziell auf die Verwertung von Patentinformationen für die strategische Technologieplanung ein. PARK et al. (2013) hingegen definieren Patent Intelligence als *"the transformation of content found in multiple patents into technical, business, and legal insight"* (Park et al., 2013, S. 2374).

Als Patent Intelligence wird in der bestehenden Literatur also die Überführung der aus Patenten gewonnenen, technischen, wirtschaftlichen und rechtlichen Informationen in Wissen sowie die Nutzung des Wissens für unternehmensrelevante Entscheidungen verstanden (Cantrell, 1997; Trippe, 2003; Park et al., 2013). Die untersuchten Definitionen bilden demnach ein Spektrum ab, entlang dessen Patent Intelligence definiert werden

---

[7] Eine Suche nach dem Begriff „Patent Intelligence" in den Bereichen „Topic" oder „Title" in der Thomson Reuters Datenbank Web of Science am 02.08.2017 ergab insgesamt 21 Treffer (erster Treffer von ALLCOCK UND LOTZ (1977), letzter Treffer von WANG UND CHOW (2016)). Basierend auf der Trefferliste und unter Berücksichtigung von Vorwärts- und Rückwärtszitationen wurden 3 Treffer als relevant betrachtet, da diese den Begriff Patent Intelligence speziell aufgreifen und definieren.

kann. Sie haben gemein, dass speziell Patente bzw. Patentinformationen untersucht werden, um daraus Erkenntnisse zu gewinnen, die in Unternehmen für verschiedene Zwecke verwertet werden können.

Neben Patent Intelligence werden in der Literatur verwandte Begriffe wie Patinformatics und Pat-Mining diskutiert. Unter Patinformatics werden alle Formen und Methoden der IT-unterstützten Analyse von Patentdaten verstanden (Trippe, 2002, 2003). TRIPPE (2003) ordnet Patinformatics neben *Patent Mapping* sowie *Patent Citation Analysis* auch Patent Intelligence unter. Für diese Arbeit wird Patinformatics eher der Patent Intelligence untergeordnet, da TRIPPE (2003) auf Formen und Methoden fokussiert, und weniger auf die Überführung der gewonnenen Informationen in Wissen sowie die Nutzung des Wissens für strategische Entscheidungen. Pat-Mining bezeichnet hingegen Methoden im Zusammenhang mit der inhaltlichen Analyse textbasierter Patentdaten. Die dadurch erzielten Ergebnisse können um die Analyse der strukturierten Patentdaten (bibliografische Daten) ergänzt werden (Gerken, 2012; Möhrle et al., 2012). Ähnlich wie Patinformatics kann auch Pat-Mining als Teil oder als verwandter Begriff der Patent Intelligence verstanden werden.

2.3.3 Definition der Patent Intelligence

Auf Basis der Deduktion und der Induktion kann eine Definition der Patent Intelligence abgeleitet werden. Die Definition folgt den Abgrenzungen gegenüber den Oberbegriffen Intelligence, Business Intelligence sowie Technologie Intelligence und den Auseinandersetzungen mit bestehenden Definition sowie weiteren, verwandten Begriffen. Zusätzlich wird in der Definition (indirekt) der Auftraggeber und der Auftragnehmer der Patent Intelligence berücksichtigt, da diese an der Überführung von Patentinformationen in unternehmensrelevantes Wissen sowie der Nutzung des Wissens für unternehmensrelevante Entscheidungen beteiligt sind. Im Rahmen dieser Arbeit wird Patent Intelligence wie folgt definiert:

Patent Intelligence bezeichnet die Auffindung, Ordnung, Untersuchung und Bewertung von Patentinformationen zur systematischen Wissenserschließung sowie die Nutzung des Wissens für unternehmensrelevante Entscheidungen.

Patent Intelligence beginnt in der Regel mit einer patentbezogenen Fragestellung, die auf Basis von Patentdaten beantwortet wird. Zur Beantwortung der Fragestellung werden die relevanten Patentdaten zusammengestellt und in Patentinformationen überführt. Der Begriff Auffindung in der Definition bezeichnet demnach die Zusammenstellung der für die Fragestellung relevanten Patentinformationen aus den Patentdaten. Unter der Ordnung wird die zeitliche, geografische oder inhaltliche Sortierung der Patentinformationen verstanden, um beispielsweise die Erkennung von Mustern zu unterstützen. Der Begriff Untersuchung bildet den Bereich der Analyse der Patentinformationen im Hinblick auf die spezifische Fragestellung ab, welche sich auf technische, wirtschaftliche oder rechtliche Themen beziehen kann. Die Bewertung stellt die Evaluation der gewonnenen Patentinformationen dar, um beispielsweise die Qualität der Informationen zu bestimmen oder die Verteilung der Ergebnisse innerhalb eines Unternehmens an spezifische Personen zu berücksichtigen. Die Auffindung, Ordnung, Untersuchung und Bewertung von Patentinformationen zur systematischen Wissenserschließung stellt den Teil der Definition dar, die den heuristischen Charakter der Intelligence abbildet, da auf diese Weise Informationen genutzt, an relevante Personen verteilt und in (neues) Wissen überführt werden. Der andere Teil der Patent Intelligence Definition spiegelt den erkenntnistheoretischen (epistemologischen) Charakter der Intelligence wider. Dieser besagt, dass das generierte Wissen aus den Patentinformationen für unternehmensrelevante Entscheidungen genutzt wird, wobei die Informationen und das generierte Wissen durch die Erfahrungen der Anwender (oder weiteren Informationsquellen) interpretiert und erweitert werden.

2.3.4 Methoden der Patent Intelligence

Patent Intelligence Methoden unterstützen den Auftragnehmer der Patent Intelligence bei der Beantwortung der Fragestellung. Die Methoden der Patent Intelligence können in Data-, Text- und Graph-Mining unterschieden werden.[8] Diese Methoden werden nachfolgend im Hinblick auf die Informationserschließung aus Patentdaten näher erläutert.

Beim Data-Mining werden strukturierte Patentdaten, wie beispielsweise die Patentinhaber, Erfinder, Anmelde- bzw. Erteilungszeiträume, Patentklassen, Vorwärts- bzw. Rückwärtszitation, Patentfamilien oder rechtsstandbezogene Daten als Informationsquelle für verschiedene Analysen genutzt (vgl. hierzu und im Folgenden Cleve und Lämmel, 2016; Walter und Schnittker, 2016; Witten et al., 2017). Ziel der Data-Mining Methoden ist es, mit Hilfe mathematischer bzw. statistischer Methoden Muster in den bestehenden Patentdaten zu entdecken. Anhand der Muster können bestehende Zusammenhänge erkannt und in einen unternehmensrelevanten Bedeutungskontext überführt werden. Die auf diese Weise gewonnenen Informationen können für verschiedene Zwecke genutzt werden, was zu (neuem) unternehmensrelevantem Wissen führt. Auf Basis der Data-Mining Methoden existieren Indikatoren, mit denen zum Beispiel Patentportfolios von Unternehmen oder technologische Entwicklungen untersucht werden können (vgl. hierzu und im Folgenden Frischkorn, 2017). Dabei werden monovariate von multivariaten Indikatoren unterschieden. Monovariate Patentindikatoren können direkt aus den einzelnen Patenten erfasst und analysiert werden. Multivariate Patentindikatoren hingegen basieren auf mehreren monovariaten Patentindikatoren und bilden komplexere Zusammenhänge ab. Die Vorteile der Data-Mining Methoden liegen vor allem in der einfachen und schnellen Erstellung sowie der Möglichkeit, diese auch im internationalen Kontext anzuwenden (Ernst, 2003; Frischkorn, 2017). Bei der Interpretation der Analyseergebnisse ist jedoch Vorsicht geboten, da die Data-Mining Methoden auch Nachteile mit sich bringen. Je nach Datenbank bzw. verwendetem Softwareprodukt wer-

---

[8] Text-Mining und Graph-Mining können auch als eine spezielle Form des Data-Mining verstanden werden (Buch, 2008; Witten et al., 2017). In dieser Arbeit werden diese basierend auf den zu Grunde liegenden Daten getrennt voneinander betrachtet.

den beispielsweise Änderungen des Besitzers (bei Unternehmensfusion und -übernahme) oder weitere, rechtsbezogene Daten nicht regelmäßig aktualisiert. Darüber hinaus können fehlerhafte Schreibweisen von Anmeldern oder Erfindern zu fehlerhaften Indikatorgrößen führen. Zusätzlich gibt es bei unterschiedlichen Patentämtern verschiedene Vorgaben, zum Beispiel bezüglich der Mindestanzahl an Zitationen bei der Patentanmeldung oder bei der Definition einer Patentfamilie (IPO-UK, 2015; Walter und Schnittker, 2016).

Beim Text-Mining werden unstrukturierte, textbasierte Patentdaten untersucht. Zu diesen zählen der Titel, die Kurzzusammenfassung, die Ansprüche sowie die Beschreibung (Gerken, 2012; Möhrle et al., 2012). Beim Text-Mining geht es weniger um die Identifikation von Patenten auf Basis einzelner Suchbegriffe, sondern vielmehr um die Berücksichtigung und Untersuchung der semantischen und syntaktischen Struktur der textbasierten Patentdaten (Buch, 2008). Über die Aufdeckung und Darstellung von Zusammenhängen zwischen den textbasierten Patentdaten wird der Erkenntnisprozess unterstützt, da über das Text-Mining die bestehenden, textbasierten Patentdaten in neue, relevante Informationen automatisch oder semi-automatisch überführt werden können (Heyer et al., 2006; Buch, 2008). Die Methoden des Text-Minings können basierend auf formalen Kriterien kategorisiert werden (vgl. hierzu und im Folgenden Heyer et al., 2006; Feldman und Sanger, 2007; Buch, 2008; Möhrle et al., 2012). Beispielsweise können Methoden zusammengefasst werden, welche die grammatikalischen Strukturen des Textes berücksichtigen oder auf die Extraktion von Konzepten, sogenannten n-Grammen[9], ausgerichtet sind. Bei der Extraktion von Konzepten wird die grammatikalische Struktur des Textes vernachlässigt. Beispielhaft werden nachfolgend ausgewählte Methoden beschrieben. Sogenannte *Subject, Action, Object* (SAO) Strukturen können auf Basis von Kernaussagen aus einzelnen Sätzen Problem-Lösungsstrukturen aufdecken und dadurch zum Beispiel den Ideenfindungsprozess unterstützen (Möhrle et al., 2012). SAO-Strukturen basieren auf den grammatikalischen Zusammenhängen zwischen den Wörtern eines Satzes und können bei Anwendung auf Patenttexte wichtige, strukturelle

---

[9] n-Gramme repräsentierten Worte oder Wortgruppen, die aus Texten extrahiert werden. Das „n" stellt dabei die Anzahl an Worten dar, die aus einem Text extrahiert werden (vgl. hierzu beispielsweise Moehrle, 2010; Walter et al., 2017a).

Eigenschaften von Erfindungen wiedergeben (Walter et al., 2003; Bergmann et al., 2008; Yoon et al., 2013). Das sogenannte *Part Of Speech Tagging* (POS *Tagging*) nutzt wiederum die grammatikalischen Strukturen eines Satzes, um Wortgruppen zu Bilden oder den Satzbau zu untersuchen, bzw. Zusammenhänge zwischen Wörtern zu identifizieren. Methoden zur Identifikation von Zusammenhängen unterstützen bei der Disambiguierung von Wörtern. Dazu werden Wörter mit gleicher Schreibweise in den Kontext des Satzes bzw. des Textes gesetzt, um die korrekte Bedeutung des Wortes zu identifizieren. Bei der Wort- und Satzsegmentierung werden Satz- oder Leerzeichen verwendet, um einzelne Wörter oder Sätze zu identifizieren und zu analysieren (vgl. hierzu und im Folgenden Buch, 2008; Moehrle, 2010). Die Wortsegmentierung unterstützt beispielsweise das Extrahieren von n-Grammen, wobei grammatikalische Strukturen außer Acht gelassen werden. Vielmehr spielt die Analyse von Worthäufigkeiten, Wortkombinationen sowie Auftretenswahrscheinlichkeiten eine Rolle.

Beim Graph-Mining werden unstrukturierte, grafische oder bildliche Patentdaten untersucht (Leskovec et al., 2005; Cook und Holder, 2006; Lupu et al., 2012). Im Zusammenhang mit Patenten können die grafischen Strukturen und bildlichen Informationen Abbildungen, chemische Formeln, genetische Codes, Anspruchszusammenhänge oder auch Netzwerkstrukturen (beispielsweise Zitations-, Anmelder- und Erfindernetzwerke) sein (Leskovec et al., 2005; Hanbury et al., 2011; Csurka, 2017). Anhand der grafischen Informationen lassen sich Ähnlichkeiten oder Strukturen erkennen, auf deren Basis relevante Erkenntnisse abgeleitet und weitere Analysen durchgeführt werden (Hanbury et al., 2011). Beispielsweise können nach der Identifikation von Anspruchszusammenhängen Text-Mining Methoden zur weiteren Analyse genutzt werden (Lee et al., 2013).

3 Bedeutung der Patent Intelligence für das strategische Management

Patent Intelligence kann das strategische Management bei der Überführung von Patentinformationen in unternehmensrelevantes Wissen unterstützen. Dieses Wissen kann das strategische Management nutzen, um Entscheidungen zu treffen, entsprechende Konsequenzen zu ziehen und Strategien zu planen sowie umzusetzen.[10] Zur Überführung von Informationen in unternehmensrelevantes Wissen müssen vom Unternehmen Mittel für die Patent Intelligence bereitgestellt werden. Die zur Verfügung gestellten Mittel sowie die an der Patent Intelligence beteiligten Auftraggeber und Auftragnehmer können als Patent Intelligence Ressourcen betrachtet werden. Weiterhin werden zur Beantwortung der Fragestellung des Auftraggebers und die Überführung der Patentinformationen in unternehmensrelevantes Wissen Fähigkeiten benötigt, die als Patent Intelligence Fähigkeiten bezeichnet werden können. Die Bedeutung der Patent Intelligence Ressourcen und Fähigkeiten für das strategische Management kann anhand der ressourcenbasierten Theorie der Unternehmen sowie des Ansatzes der dynamischen Fähigkeiten beschrieben werden. Zur Unterstützung des Managements der Ressourcen sowie zur Analyse der Patent Intelligence Fähigkeiten in der unternehmerischen Praxis können Reifegradmodelle herangezogen werden. In diesem Kapitel werden folglich die erste und zweite forschungsleitende Fragestellung adressiert:

F1:   Welche Fähigkeiten werden für die Patent Intelligence benötigt?

F2:   Welche Möglichkeiten zur Analyse der Patent Intelligence Fähigkeiten bietet das 7D Reifegradmodell für das Patentmanagement?

Dazu werden zunächst die ressourcenbasierte Theorie sowie der Ansatz der dynamischen Fähigkeiten erläutert. Anschließend erfolgt eine Aufstellung von Propositionen, anhand derer der Zusammenhang zwischen der ressourcenbasierten Theorie sowie dem Ansatz der dynamischen Fähigkeiten und der Patent Intelligence beschrieben werden. Daraufhin wird das sogenannte 7D Reifegradmodell für das Patentmanagement als Ma-

---

[10] Die Grundlage zur Planung und Umsetzung von Strategien bildet die Definition des strategischen Managements nach WELGE et al. (2017). Verschiedene Ansätze zum strategischen Management werden unter anderem in WELGE et al. (2017) oder auch in ANSOFF UND MCDONNELL (1988) und MINTZBERG et al. (1998) diskutiert.

© Springer Fachmedien Wiesbaden GmbH, ein Teil von Springer Nature 2019
M. Wustmans, *Patent Intelligence zur unternehmensrelevanten Wissenserschließung*,
Forschungs-/ Entwicklungs-/ Innovations-Management,
https://doi.org/10.1007/978-3-658-24066-0_3

nagementinstrument vorgestellt und die in diesem Modell aufgeführten Patent Intelligence Fähigkeiten näher betrachtet. Darüber hinaus werden Möglichkeiten aufgezeigt, welche Rolle Patent Intelligence in verschiedenen anderen Reifegradansätzen für das IP und Patentmanagement spielen kann.

3.1 Ressourcenbasierte Theorie der Unternehmen

Die ressourcenbasierte Theorie beschreibt das Verhalten von Unternehmen in Abhängigkeit der zur Verfügung stehenden Ressourcen sowie deren Behandlung innerhalb der Unternehmen (Wernerfelt, 1984; Barney, 1991; Barney et al., 2011). Als zentrale Aufgabe des Managements kann der Umgang mit spezifischen Ressourcen, sogenannten strategischen Ressourcen, bezeichnet werden, auf deren Basis erfolgreiche (Wettbewerbs-) Strategien und ein geeignetes Ressourcenmanagement entwickelt werden (Hungenberg, 2014; Macharzina und Wolf, 2015). Als Ressource können alle materiellen und immateriellen Vermögenswerte eines Unternehmens verstanden werden, wobei es jedoch keine eindeutige, allgemein verbreitete Definition des Begriffs Ressource gibt (Freiling, 2002).

Wenngleich den Ressourcen eines Unternehmens bereits schon von Penrose im Jahr 1959[11] eine hohe Wichtigkeit nachgesagt wurde, formierte und konkretisierte sich die ressourcenbasierte Theorie erst in den 1980er Jahren (Penrose, 1959; Wernerfelt, 1984; Barney, 1991; Barney et al., 2011). Ähnlich der Phasen des Produkt-Lebens-Zyklus nach LEVITT (1965), hat der ursprünglich auch als *Resource-based View* bezeichnete Ansatz mittlerweile die Marktreifephase erreicht, weswegen er als ressourcenbasierte Theorie bezeichnet werden kann (Barney et al., 2011). Der ressourcenbasierten Theorie liegt die Idee zugrunde, dass die Ressourcen eines Unternehmens als Inputgüter verstanden werden, die durch Veredelungsprozesse in unternehmensspezifische Wettbewerbsvorteile überführt werden. Diese Wettbewerbsvorteile können erreicht werden, wenn die Ressourcen spezifische Eigenschaften aufweisen, welche in der Literatur häufig auch als VRIN-Eigenschaften (*Value, Rare, Inimitability, Non-Substituability*) bezeichnet

---

[11] PENROSE (1959) beschreibt zum Beispiel den Einfluss von Ressourcen auf das Wachstum eines Unternehmens und liefert auf diese Weise das Fundament der ressourcenbasierten Theorie.

werden (vgl. hierzu und im Folgenden Barney, 1991; Eisenhardt und Martin, 2000; Möhrle et al., 2007). Weisen die Ressourcen die entsprechenden Eigenschaften auf, können sie als strategische Ressource beschrieben werden. Die Eigenschaft Wertstiftung (*Value*) besagt, dass eine strategische Ressource einen zusätzlichen Nutzen aufweist, der bei den Kunden zu einer höheren Zahlungsbereitschaft führt. Die Eigenschaft Knappheit (*Rare*) beschreibt strategische Ressourcen als unternehmensspezifisch und nicht oder nur schwierig auf andere Unternehmen übertragbar. Die Nicht-Imitierbarkeit (*Inimitability*) stellt strategische Ressourcen als nicht oder nur schwierig durch ein anderes Unternehmen nachahmbar dar. Die Nicht-Substituierbarkeit (*Non-Substituability*) charakterisiert strategische Ressourcen als einen Leistungserbringer, welcher nicht oder nur schwierig durch andere, gleichwertige Ressourcen ersetzt werden kann.

Aufbauend auf der ressourcenbasierten Theorie gibt es verschiedene weitere Ansätze, die auf Basis der Ressourcen eines Unternehmens dessen Handeln beschreiben. Für diese Arbeit ist vor allem der Ansatz der dynamischen Fähigkeiten (engl. *Dynamic Capabilities*) relevant. Dieser Ansatz beschreibt die Verwertung interner und externer unternehmensspezifischer Ressourcen zur Sicherstellung der Wettbewerbsfähigkeit in sich schnell verändernden Märkten (Teece und Pisano, 1994; Teece et al., 1997). Der Ansatz ergänzt die ressourcenbasierte Theorie um dem Unternehmen extern zur Verfügung stehenden Ressourcen sowie dynamischen Fähigkeiten (Teece et al., 1997). Dynamische Fähigkeiten werden als Fähigkeiten eines Unternehmens beschrieben, die interne und externe Ressourcen anpassen, integrieren, rekonfigurieren und kombinieren, um einer schnell ändernden Umwelt zu begegnen und auf diese Weise Wettbewerbsvorteile zu generieren (Teece und Pisano, 1994; Teece et al., 1997). Darüber hinaus können dynamische Fähigkeiten auch als organisatorische und strategische Routinen bzw. Abläufe bezeichnet werden, durch die Unternehmen neue Ressourcenkonfigurationen erzielen, wenn Märkte entstehen, konvergieren, sich spalten, entwickeln, sich zurückbilden oder verschwinden (Eisenhardt und Martin, 2000). Die neue Ressourcenkombination führt dazu, dass Unternehmen effektiver und effizienter werden, wobei vor allem die Erfahrungssammlung sowie ein ausgeprägtes Wissensmanagement hervorgehoben werden können (Zollo und Winter, 2002).

Zur Identifikation von dynamischen Fähigkeiten innerhalb eines Unternehmens geben TEECE et al. (1997) drei Möglichkeiten an, die unter den Begriffen Prozesse, Positionen und Pfade zusammengefasst werden. Unter Prozessen werden organisatorische und Managementprozesse zusammengefasst, die als Routinen oder Muster der praktischen Ausführung und des Lernens eines Unternehmens verstanden werden. Unter Positionen wird die aktuelle Ausstattung des Unternehmens im Hinblick auf eine Technologie verstanden sowie die zugehörigen geistigen Eigentumsrechte, komplementäre Vermögensgegenstände, die Kundenbasis und die externen Beziehungen zu Zulieferern. Unter Pfaden werden die dem Unternehmen offenstehenden, strategischen Alternativen beschrieben sowie die damit in Beziehung stehende Anwesenheit bzw. Abwesenheit von steigenden Renditen, die TEECE et al. (1997) als Pfadabhängigkeit bezeichnen. Werden daher innerhalb dieser Bereiche entsprechende Fähigkeiten identifiziert, die den genannten Eigenschaften entsprechen, können sie als dynamische Fähigkeiten bezeichnet werden.

Patente können für die Sicherstellung der VRIN-Eigenschaften und der Wettbewerbsvorteile genutzt und in diesem Zusammenhang sogar selbst als strategische Ressource bezeichnet werden (Penrose, 1959; Möhrle et al., 2007). Obwohl Patente nicht alle Eigenschaften einer strategischen Ressource in vollem Umfang erfüllen, und nicht alle durch Patente geschützten Ressourcen eine strategische Ressource darstellen (müssen), zeigen MÖHRLE et al. (2007) betriebswirtschaftliche Charakteristika von Patenten auf, auf Basis derer Patente als strategische Ressource beschrieben werden können. Auf diese Weise wird ein umfassendes Verständnis zur Rolle von Patenten in der ressourcenbasierten Theorie geschaffen.

Das von MÖHRLE et al. (2007) dargestellte, systemdynamische Wirkungsdiagramm zeigt fünf wesentliche Zusammenhänge in Form von Rückkopplungsschleifen, welche die Rolle von Patenten sowie die Zusammenhänge zwischen den Patentaktivitäten des eigenen Unternehmens und der darauf folgenden Reaktion der Wettbewerber verdeutlichen (Abbildung 3-1). Ziel ist es, die Ressourceneigenschaften der Patente und Patentportfolios des eigenen Unternehmens im Vergleich zur Patentposition des Wettbewerbs zu verbessern (vgl. hierzu und im Folgenden von Wartburg et al., 2006; Möhrle et al., 2007). Bei den Rückkopplungsschleifen wird zwischen positiven und negativen Schleifen unterschieden. Zu den positiven Schleifen (*Reinforcing Loops*, kurz R) gehören der

Heterogenitätsgenerator R0, die Belohnungsschleifen R1 und R2 sowie die Wissensge-
nerierungs- und -absorptionsschleifen R3 und R4. Zu den negativen Schleifen (*Balan-
cing Loops*, kurz B) gehören die Innovationsbremsen B1 und B2 sowie die Behinderungsschleifen B3 und B4.

Im Mittelpunkt des systemdynamischen Wirkungsdiagramms steht die positive Schleife
R0 (Heterogenitätsgenerator), welche die Patentaktivitäten des eigenen Unternehmens
und der Wettbewerber beschreibt. Die Patentaktivität des eigenen Unternehmens führt
zu einer zeitverzögerten, gesteigerten Patentaktivität der Wettbewerber. Die Steigerung
der Patentaktivität des Wettbewerbs führt wiederum dazu, dass das eigene Unternehmen
die Patentaktivität erhöht, was insgesamt zu einer größeren Heterogenität innerhalb des
betrachteten Wettbewerbs führt.

Weitere positive Rückkopplungsschleifen stellen die Belohnungsschleifen R1 und R2
dar, die sich zum einen auf das eigene Unternehmen, zum anderen auf die Wettbewerber
beziehen. Die Belohnung ergibt sich aus den wirtschaftlichen Vorteilen, die mit den
Patenten des eigenen Unternehmens bzw. des Wettbewerbs einhergehen. Diese Vorteile
können genutzt werden, um weitere Forschungs- und Entwicklungsaktivitäten (FuE-Aktivitäten) zu finanzieren, aus denen wiederum Patente hervorgehen (können).

Durch die Offenlegung von Patenten werden die Schleifen R3 und R4 positiv angetrie-
ben, die als Wissensgenerierungs- und -absorptionsschleife bezeichnet werden. Eine
hohe Patentaktivität führt über die Offenlegung der Erfindung zu einer Verfügbarkeit
von Informationen, durch die Ideen für Lösungsalternativen generiert werden. Auf diese
Weise erhöhen sich die FuE-Aktivitäten des eigenen Unternehmens (aus denen Patente
hervorgehen), was wiederum zu einem Anstieg der Patentaktivität der Wettbewerber
führt.

Die negativen Schleifen führen dazu, dass es im systemdynamischen Wirkungsdiagramm zu keinem fortlaufenden Anstieg der Patentaktivität innerhalb des betrachteten
Wettbewerbs kommt. Die Innovationsbremsen B1 und B2 bilden Schwierigkeiten bei
der inkrementellen Neu- bzw. Weiterentwicklung ab. Die Schwierigkeiten resultieren
aus der Fragmentierung von Eigentumsrechten, die eine Hürde für inkrementelle Neu-

bzw. Weiterentwicklungen darstellt. Dies führt zu einem Rückgang von FuE-Aktivitäten und somit ebenfalls zu einem Rückgang von Patentaktivitäten.

Die Behinderungsschleifen B3 und B4 beschreiben den Rückgang der Patentaktivitäten
des eigenen Unternehmens und des Wettbewerbs, da durch ein vorhandenes Patent (oder
durch mehrere Patente) für eine Erfindung der Anreiz zur Imitation zurückgeht. Dadurch
ergeben sich rückläufige FuE-Aktivitäten sowohl für das eigene Unternehmen als auch
für den Wettbewerb, was in einen Rückgang der Patentaktivitäten resultiert.

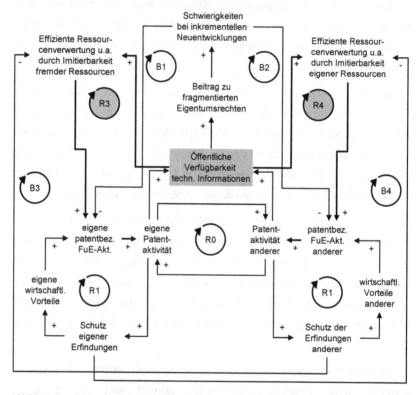

Abbildung 3-1: Systemdynamisches Wirkungsdiagramm zur Beschreibung der Rolle von Patenten in
der ressourcenbasierten Theorie sowie der Grundlage der Patent Intelligence (grau hervorgehoben).
Quelle: Eigene Darstellung in Anlehnung an VON WARTBURG et al. (2006) sowie MÖHRLE et al. (2007).

3.2 Patent Intelligence in der ressourcenbasierten Theorie

Patent Intelligence wird über die Offenlegung der Patente ermöglicht. Demnach sind für die Patent Intelligence vor allem die Wissensgenerierungs- und -absorptionsschleife (R3 und R4) des systemdynamischen Wirkungsdiagramms relevant (in Abbildung 3-1 grau hervorgehoben). Dennoch wirkt sich die Patent Intelligence auch auf weiteren Schleifen aus. Nachfolgend wird daher für die einzelnen Schleifen aufgezeigt, welche Rolle Patent Intelligence für das eigene Unternehmen spielen kann.

Im Heterogenitätsgenerator R0 unterstützt Patent Intelligence die Aufdeckung der Patentaktivität der Wettbewerber. Die Aufdeckung der Aktivitäten der Wettbewerber führt daraufhin zu einer gesteigerten Patentaktivität des eigenen Unternehmens.

Die durch die Patente generierten wirtschaftlichen Vorteile, die in den Belohnungsschleifen R1 und R2 abgebildet werden, können auch zur Finanzierung der Patent Intelligence genutzt werden. Patent Intelligence hilft bei der anschließenden Identifizierung von relevanten (neuen) Märkten und (neuen) Technologien und unterstützt auf diese Weise die Ausrichtung zukünftiger FuE-Aktivitäten bzw. der Technologieplanung.

Durch Patent Intelligence werden die in der Wissensgenerierungs- und -absorptionsschleife R3 und R4 offengelegten Patentinformationen in (neues) Wissen überführt, welches für das eigene Unternehmen zu einem Wettbewerbsvorteil führen kann. Das generierte Wissen zeigt beispielsweise technologische Entwicklungen auf, unterstützt das strategische Management in der Entscheidungsfindung oder erleichtert die Ideenfindung für Lösungsalternativen.

Die Innovationsbremsen B1 und B2 können durch die Patent Intelligence möglicherweise verstärkt werden. Das durch Patent Intelligence generierte Wissen über die fragmentierten Eigentumsrechte kann zu einer erhöhten Risikovermeidungsstrategie führen, was als Resultat den Rückgang der FuE-Aktivitäten des eigenen Unternehmens bewirkt. Das explizite Wissen über die Fragmentierung kann ebenfalls dazu führen, dass Erfindungen in bestimmten Bereichen gezielt generiert und geschützt werden, um den Wettbewerb stärker zu bremsen. Darüber hinaus können eigene Erfindungen bewusst durch mehrere Patente geschützt werden, um eine Fragmentierung hervorzurufen. Informationen über eine (optimale) Fragmentierung kann die Patent Intelligence liefern.

Auch die Behinderungsschleifen B3 und B4 können durch die Patent Intelligence verstärkt werden, da die Bereitstellung von Informationen über die vorhandenen Schutzrechte in einem bestimmten Markt die FuE-Aktivitäten des eigenen Unternehmens bremsen kann, zum Beispiel aus Angst vor Verletzungsklagen. Das über Patent Intelligence generierte Wissen kann hingegen auch genutzt werden, um Anreize speziell für Umgehungslösungen zu schaffen. Darüber hinaus kann das Wissen genutzt werden, um zum Beispiel über eine Wertermittlung eine mögliche Lizenznahme des fremden Patents vorzubereiten. Auf diese Weise kann die Behinderungsschleife für das eigene Unternehmen geschwächt werden.

Die Ressourcen, die einem Unternehmen in Bezug auf Patente zur Verfügung stehen, sind auch für die Patent Intelligence relevant. Basierend auf der öffentlichen Verfügbarkeit von Patentinformationen kann Patent Intelligence daher die für das eigene Unternehmen positiven Schleifen verstärken sowie die relevante Behinderungsschleife schwächen. Darüber hinaus ermöglicht Patent Intelligence auch eine Verstärkung der für den Wettbewerb relevanten Innovationsbremse. Das systemdynamische Wirkungsdiagramm, in das die Patent Intelligence eingebettet wird, zeigt daher, wie über Patent Intelligence sowohl interne als auch externe Ressourcen genutzt werden können, um Wettbewerbsvorteile für das eigene Unternehmen zu generieren. Dies führt zu folgenden sieben Propositionen, die als Wirkungsvermutungen die Bedeutung der Patent Intelligence für das strategische Management darstellen:

P 1: Mit Hilfe von Patent Intelligence wird das Ziel unterstützt, die Ressourceneigenschaften der eigenen Patente und Patentportfolios im Vergleich zu den Patentpositionen des Wettbewerbs zu verbessern.

P 2: Durch die Generierung von Wissen auf Basis bestehender Patentinformationen wird herausgearbeitet, wie sich die unternehmensspezifischen Ressourcen von den Ressourcen der Wettbewerber unterscheiden.

P 3: Durch Patent Intelligence werden die Ressourceneigenschaften und die dadurch erhofften Vorteile des Wettbewerbs verringert und die Ideengenerierung für eigene Erfindungen verstärkt.

P 4: Durch Patent Intelligence entsteht Wissen über sich schnell ändernde Märkte und Technologien, das für die (Weiter-)Entwicklung von dynamischen Fähigkeiten eines Unternehmens entscheidend ist.

P 5: Über Patent Intelligence werden unternehmensfremde Patente als externe Ressourcen betrachtet, da die zur Verfügung gestellten Informationen in unternehmensrelevantes Wissen überführt werden können.

P 6: Durch Patent Intelligence lassen sich interne und externe Ressourcen kombinieren und rekonfigurieren, um auf diese Weise neues Wissen zu generieren, welches für ein Unternehmen zu einem Wettbewerbsvorteil führen kann.

P 7: Nach innen gerichtet unterstützt Patent Intelligence bei der Analyse der eigenen Patente und ermöglicht eine Überarbeitung des eigenen Patentportfolios.

3.3   7D Reifegradmodell als Managementinstrument

Zur Steuerung und Optimierung von Ressourcen sowie zur Identifikation von Stärken und Schwächen im Hinblick auf Fähigkeiten und Prozesse innerhalb eines Unternehmens können Reifegradmodelle angewendet werden (CMMI, 2002; Becker et al., 2008; Röglinger und Kamprath, 2012). Das sogenannte 7D Reifegradmodell[12] ermöglicht eine ganzheitliche Sicht auf Fähigkeiten im Patentmanagement, zu denen auch Patent Intelligence Fähigkeiten gehören. Insgesamt besteht das 7D Reifegradmodell aus sieben Dimensionen, denen 26 Elemente zugeordnet werden. Die Dimensionen und Elemente des 7D Reifegradmodells wurden in Anlehnung an das Vorgehensmodell nach BECKER et al. (2009) entwickelt, wobei die Elemente Fähigkeiten im Patentmanagement abbilden,

---

[12] Das 7D Reifegradmodell für das Patentmanagement ist in Zusammenarbeit mit Prof. Dr. Martin G. Möhrle und Dr. Lothar Walter vom Institut für Projektmanagement und Innovation (IPMI) der Universität Bremen entwickelt worden. Es beruht auf umfangreichen Literaturrecherchen, Expertendiskussionen und ersten Erprobungen in unternehmerischer Umgebung. Darüber hinaus wurde es auf Konferenzen vorgestellt und in Fachzeitschriften sowie einem Fachbuch publiziert (vgl. hierzu Moehrle et al., 2017a; Walter et al., 2017b; Wustmans und Möhrle, 2017; Möhrle et al., 2018; Wustmans et al., under review). Diese Publikationen bilden die Grundlage der Beschreibung des 7D Reifegradmodells.

die in bis zu fünf Reifestufen beschrieben werden. Die Elemente und deren Beschreibung in Reifestufen dienen als Managementinstrument zur Erfassung der Ist-Zustände sowie zur Definition von Soll-Zuständen, und ermöglichen darüber hinaus die Ableitung von Maßnahmen zur Entwicklung von Fähigkeiten im Patentmanagement. Auf diese Weise können die aktuellen sowie zukünftig zur Verfügung stehenden (internen und externen) Ressourcen eines Unternehmens untersucht, geplant und weiterentwickelt werden.

Die Grundidee von Reifegradmodellen besteht in der Beschreibung von Fähigkeiten bzw. Prozessen in Reifestufen (Gottschalk, 2009; Pöppelbuß und Röglinger, 2011; Bititci et al., 2015). Ein auf Fähigkeiten basierendes Reifegradmodell unterscheidet sich zu einem auf Prozesse ausgerichteten Reifegradmodells vor allem in der Gestaltung der Reifestufen und dem mit der Erhöhung der Reifestufen einhergehendem Aufwands- und Ertragsverhältnis (vgl. hierzu und im Folgenden Möhrle et al., 2018). Wird bei prozessorientierten Reifegradmodellen eine eher gleichmäßige Erhöhung des Aufwands- und Ertragsverhältnis bei der Erhöhung von Reifestufen beschrieben, ist dies bei fähigkeitsorientierten Reifegradmodellen differenziert zu betrachten. Eine Erhöhung der Reifestufe in einem fähigkeitsorientierten Reifegradmodell kann mitunter für ein Unternehmen einen höheren Aufwand bei einer vergleichsweise geringen Erhöhung des Ertrags bedeuten. Dies kann zudem unternehmensspezifisch variieren, da der Aufwand in der Regel von den zur Verfügung stehenden Mitteln des Unternehmens abhängig ist. Das Bestreben zum Erreichen einer höheren oder geeigneten Reifestufe ist vor allem bei fähigkeitsorientierten Reifegradmodellen abhängig von den zur Verfügung stehenden Mitteln und der jeweiligen Unternehmensumgebung (vgl. hierzu auch Kamprath, 2011).

Reifegradmodelle dienen Unternehmen unter anderem zur Selbstreflexion sowie zur Durchführung von Leistungsvergleichen (Röglinger und Kamprath, 2012). Mit ihrer Hilfe können sowohl Stärken als auch Schwächen von Fähigkeiten und Prozessen identifiziert werden, woraufhin Maßnahmen zur weiteren Entwicklung abgeleitet werden können (Becker et al., 2008; Röglinger und Kamprath, 2012). Reifegradmodelle zielen darauf ab, einen Ist-Zustand zu erfassen, einen Soll-Zustand zu definieren und Verbesserungsmaßnahmen abzuleiten, die den Soll-Zustand herbeiführen können (CMMI, 2002; Khoshgoftar und Osman, 2009). Die Zuordnung zu Reifestufen für den Ist- und

Soll-Zustand führt zu einer transparenten Grundlage, mit der die Qualität bewertet, eine kontinuierliche Verbesserung angestrebt sowie eine Kostenreduktion herbeigeführt werden kann (CMMI, 2002; De Bruin et al., 2005; Winter und Mettler, 2016; Möhrle et al., 2018).

Die durch Reifegradmodelle angestrebten Ziele werden ebenfalls vom 7D Reifegradmodell für das Patentmanagement verfolgt. Die sieben Dimensionen des Reifegradmodells decken jeweils einen Aspekt im Hinblick auf das Patentmanagement ab, wobei zwischen fünf Basisdimensionen und zwei unterstützenden Dimensionen unterschieden wird. Die Basisdimensionen werden als Portfolio, Generierung, Intelligence, Verwertung und Durchsetzung bezeichnet (in Abbildung 3-2 dunkel dargestellt); die unterstützenden Dimensionen als Organisation und Kultur (in Abbildung 3-2 hell dargestellt). Die Basisdimensionen beschäftigen sich direkt mit den eigentlichen Patenten bzw. dem Patentmanagement, wohingegen die unterstützenden Dimensionen eher Aspekte betrachten, welche die Basisdimensionen in eine stärkere Position bringen.

Abbildung 3-2: Unterstützende Dimensionen (hellgrau) und Basisdimensionen (dunkelgrau) des 7D Reifegradmodells für das Patentmanagement. Quelle: Eigene Darstellung in Anlehnung an MÖHRLE et al. (2018).

Innerhalb der Dimensionen des 7D Reifegradmodells werden jeweils einzelne Elemente zusammengefasst. Die einzelnen Elemente sind in bis zu fünf Reifestufen beschrieben, die von der niedrigsten Reifestufe N bis hin zur höchsten Reifestufe 4 reichen (Abbildung 3-3). Befindet sich ein Unternehmen auf Reifestufe N bedeutet dies, dass das jeweilige Element vom Unternehmen bisher nicht berücksichtigt wird. Diese Reifestufe ist für alle Elemente identisch. Mit den darauffolgenden, weiteren Reifestufen werden die Ausführungsmöglichkeiten der Elemente beschrieben. Die Ausführungsmöglichkeiten werden jeweils in drei oder vier weiteren Reifestufen beschrieben, da bei Elementen mit drei Reifestufen eine weitere Abstufung nicht sinnvoll erscheint. In diesem Fall werden die Reifestufen 2 und 3 zusammengefasst, sodass jedes Element immer eine Reifestufe 1 und eine Reifestufe 4 besitzt.

Abbildung 3-3: Elemente der Dimension Intelligence sowie beispielhafte Darstellung der Reifestufen des Elements Informationsnutzung. Quelle: Eigene Darstellung in Anlehnung an MÖHRLE et al. (2018).

Die Dimension Portfolio steht im Mittelpunkt des Reifegradmodells und beinhaltet insgesamt vier Elemente, die das Patentportfolio eines Unternehmens sowie den strategischen Fokus des Patentmanagements umfassen. Die Dimension Portfolio enthält insgesamt vier Elemente, die als IP Koordinierung, Lebenszyklusmanagement, Portfoliomanagement und Strategiekoordinierung bezeichnet werden. Tabelle 3-1 zeigt nachfolgend die Elemente der Dimension Portfolio. Zusätzlich wird die jeweilige Reifestufe 4 der Elemente beschrieben, sodass eine Unterscheidung zu den weiteren Elementen des 7D Reifegradmodells möglich wird.

Tabelle 3-1: Reifestufe 4 der Elemente der Dimensionen Portfolio des 7D Reifegradmodells. Quelle: Eigene Darstellung in Anlehnung an MÖHRLE et al. (2018).

Dimension Portfolio	
Element	Beschreibung der Reifestufe 4
IP Koordinierung	Patente werden im Rahmen einer gesamtheitlichen Schutzrechtstrategie eingesetzt und in strategischen Bündeln mit anderen Schutzrechtsaktivitäten koordiniert.
Lebenszyklusmanagement	Es erfolgt eine permanente Überwachung aller eigener Patente, um strategisch über den Erhalt oder die anderweitige Verwertung der Patente entscheiden zu können.
Portfoliomanagement	Das Unternehmen kontrolliert dynamisch und kontinuierlich das eigene Patentportfolio, generiert gezielt eigene und erwirbt bei Bedarf fremde Patente für gegenwärtige und zukünftige Geschäftsfelder.
Strategiekoordinierung	Die Patentstrategie ist mit der Unternehmensstrategie koordiniert, unternehmensweit implementiert und wird regelmäßig überprüft bzw. aktualisiert.

Die Dimension Generierung befasst sich mit Fähigkeiten eines Unternehmens, die von der Erfindungsmeldung bis zur Patentanmeldung benötigt werden, und sich mit der Erstellung des unternehmensinternen Patentportfolios beschäftigen. Die Dimension Generierung aktiviert demnach die im Mittelpunkt stehende Dimension Portfolio. Innerhalb der Dimension Generierung werden vier Elemente aufgeführt, namentlich Anmeldeprozess, Anmeldestrategie, Impulsgebung und Umgehungslösung. Tabelle 3-2 zeigt die Elemente der Dimension Generierung sowie die entsprechenden Beschreibungen der Reifestufe 4 der Elemente.

Tabelle 3-2: Reifestufe 4 der Elemente der Dimension Generierung des 7D Reifegradmodells. Quelle: Eigene Darstellung in Anlehnung an MÖHRLE et al. (2018).

Dimension Generierung	
Element	Beschreibung der Reifestufe 4
Anmeldeprozess	Das aktive Management von der Erfindung zur Patentanmeldung wird durch die Rückkopplung mit dem eigenen Patentportfolio überprüft und stetig verbessert.
Anmeldestrategie	Die Patentanmeldung erfolgt zielgerichtet und nutzenorientiert (wirtschaftlich, technologisch, rechtlich, zeitlich, länderspezifisch) in Abhängigkeit von Strategie und Früherkennung.
Impulsgebung	Intern: Es wird strategisch entschieden, in welchem Bereich Patente von Mehrwert sind und es wird gezielt eine Patentierung in diesen Bereichen vorangetrieben. Gleichzeitig werden Erfinder auch zu ungewöhnlichen Erfindungen ermutigt.
	Extern: Es wird strategisch entschieden, in welchem Bereich Patente von Mehrwert sind und es wird gezielt eine Patentierung in diesen Bereichen vorangetrieben. Gleichzeitig werden externe Partner auch zu ungewöhnlichen Erfindungen ermutigt.
Umgehungs-lösung	Lösungsalternativen werden bewusst in Abhängigkeit des wirtschaftlichen und technologischen Nutzens sowie der rechtlichen Durchsetzbarkeit geschaffen und gegebenenfalls patentiert, um aktiv das Geschäftsfeld zu beeinflussen.

Die Dimension Intelligence umfasst alle Elemente, die sich mit der Auffindung, Ordnung, Untersuchung und Bewertung von Patenten zur systematischen Wissenserschließung beschäftigen sowie der Nutzung des Wissens für unternehmensrelevante Entscheidungen dienen. Die Dimension wird von der Dimension Portfolio aktiviert, da die Ausrichtung der Intelligence in der Regel vom aktuellen, bzw. in Zukunft geplanten Patentportfolio eines Unternehmens abhängig ist. Zu den fünf Elementen der Dimension Intelligence gehören die Akquisition, die Geschäftsfeldanalyse, die Informationsnutzung, die Stand-der-Technik-Analyse sowie die Wertermittlung (Tabelle 3-3).

Tabelle 3-3: Reifestufe 4 der Elemente der Dimension Intelligence des 7D Reifegradmodells. Quelle: Eigene Darstellung in Anlehnung an MÖHRLE et al. (2018).

Dimension Intelligence	
Element	Beschreibung der Reifestufe 4
Akquisition	Das Unternehmen praktiziert ein systematisches Screening und Monitoring relevanter Geschäftsfelder und Start-Ups, um Akquisition im geschäftsnahen und -fernen Umfeld vorzubereiten.
Geschäftsfeld-analyse	Es erfolgt eine zentral koordinierte und kontinuierliche Betrachtung quantitativer und qualitativer Patentinformationen durch gezielt ausgewählte Methoden und Hilfsmittel.
Informations-nutzung	Das Unternehmen praktiziert ein systematisches Screening und Monitoring über fremde Geschäftsfelder und Start-Ups hinaus, um Akquisition im geschäftsnahen und -fernen Umfeld vorzubereiten.
Stand-der-Technik-Analyse	Der Stand der Technik wird regelmäßig ermittelt, um Handlungsfreiheit bzgl. eigener, ausgewählter Technologien zu gewährleisten.
Wertermittlung	Das Unternehmen kennt den Wert (technologisch, marktseitig) aller für das Unternehmen relevanten (eigene und fremde) Patente.

Die Dimension Verwertung (Tabelle 3-4) fasst Elemente zusammen, die sich mit der potenziellen Nutzung des unternehmenseigenen Patentportfolios außerhalb des rechtlichen Rahmens bzw. der Informationsbeschaffung beschäftigen. Die Dimension Verwertung wird von der zentralen Dimension Portfolio aktiviert, da das Patentportfolio eines Unternehmens die Grundlage der Verwertung darstellt. Zu den Elementen der Dimension Verwertung zählen Kapitalsicherung, Kommerzialisierung und Allianzen, Marketing und Reputation sowie Wertsteigerung.

Tabelle 3-4: Reifestufe 4 der Elemente der Dimension Verwertung des 7D Reifegradmodells. Quelle: Eigene Darstellung in Anlehnung an MÖHRLE et al. (2018).

Dimension Verwertung	
Element	Beschreibung der Reifestufe 4
Kapitalsicherung	Das Unternehmen patentiert gezielt eigene Erfindungen, um diese als Sicherheit für Kapitalgeber von Eigen- und Fremdkapital einzusetzen.
Kommerzialisierung und Allianzen	Zusätzlich zu den Kommerzialisierungsaktivitäten dienen Patente der Verstärkung der Verhandlungsbasis bei Kooperationen, strategischen Allianzen und Partnerschaften sowie der Etablierung von Standards.
Marketing und Reputation	Das Unternehmen veröffentlicht gezielt Patentinformationen, um sich gegenüber dem Wettbewerb zu profilieren und das Unternehmensansehen zu verbessern.
Wertsteigerung	Das Unternehmen beeinflusst durch Patente und deren Erwähnung in der Öffentlichkeit den Unternehmenswert.

Die Dimension Durchsetzung enthält Elemente, die sich mit der rechtlichen Bedeutung von Patenten sowie der Einforderung der Rechte, die mit einem unternehmenseigenen Patent einhergehen, befassen. Auch die Dimension Durchsetzung wird von der Dimension Portfolio aktiviert, da die mit dem Patentportfolio einhergehenden Rechte durchgesetzt werden (müssen). Zu den Elementen der Dimension Durchsetzung gehören das Abwehrverhalten, die Schutzbereichswahrung sowie die Verletzungswahrnehmung (Tabelle 3-5).

Tabelle 3-5: Reifestufe 4 der Elemente der Dimension Durchsetzung des 7D Reifegradmodells. Quelle: Eigene Darstellung in Anlehnung an MÖHRLE et al. (2018).

Dimension Durchsetzung	
Element	Beschreibung der Reifestufe 4
Abwehrverhalten	Eine eingehende Patentverletzungsklage wird im Patentmanagement bewertet und Handlungsmaßnahmen werden daraufhin unter Berücksichtigung der Unternehmensziele dem (externen) Patentanwalt vorgeschlagen.
Schutzbereichs-wahrung	Eine spezifische Unternehmenseinheit oder ein externer Dienstleister sucht aktiv nach Einschränkungen durch Patentanmeldungen im internationalen Umfeld und geht strategisch orientiert gegen diese vor.
Verletzungs-wahrnehmung	Es erfolgt eine kontinuierliche Zusammenarbeit zwischen dem Patentmanagement und Mitarbeitern weiterer Abteilungen bzgl. der Wahrnehmung und des Umgangs mit Patentverletzungen. Dabei achten die geschulten Mitarbeiter aktiv auf Produktangriffe und sichern entsprechende Beweise.

Die Dimension Organisation als unterstützende Dimension befasst sich mit den Schnittstellen zwischen dem Patentmanagement und weiteren, unternehmensinternen sowie externen Funktionen und Akteuren. Zu den Elementen der Dimension Organisation gehören Prozessintegration, Stakeholdermanagement sowie Zuständigkeit (Tabelle 3-6).

Tabelle 3-6: Reifestufe 4 der Elemente der Dimension Organisation des 7D Reifegradmodells. Quelle: Eigene Darstellung in Anlehnung an MÖHRLE et al. (2018).

Dimension Organisation	
Element	Beschreibung der Reifestufe 4
Prozessintegration	Patentverantwortliche sind in Innovationsprozesse eingebunden und die Patentierungsaktivitäten orientieren sich an der Unternehmensstrategie.
Stakeholder-management	Das Patentmanagement pflegt alle wichtigen internen und externen Stakeholder, betrachtet diese als unternehmenseigenes Netzwerk und es erfolgt ein aktives Management.
Zuständigkeit	Das Unternehmen verfügt über spezifische Einheiten, die ihre Aufgaben koordinieren, an der Unternehmensstrategie ausrichten und auf diese Einfluss nehmen.

Die Dimension Kultur als weitere unterstützende Dimension beschreibt Fähigkeiten im Zusammenhang mit dem Stellenwert, den Patente im Unternehmen einnehmen sowie verschiedene Möglichkeiten zur Einflussnahme auf diesen. Zu den Elementen der Dimension gehören Anreiz und Motivation, Informations- und Wissensaustausch sowie Wahrnehmung (Tabelle 3-7).

Tabelle 3-7: Reifestufe 4 der Elemente der Dimensionen Kultur des 7D Reifegradmodells. Quelle: Eigene Darstellung in Anlehnung an MÖHRLE et al. (2018).

Dimension Kultur	
Element	Beschreibung der Reifestufe 4
Anreiz und Motivation	Das Unternehmen sorgt für ein hohes Ansehen der Schlüsselerfinder und gewährt diesen persönliche Gestaltungsfreiräume.
Informations- und Wissensaustausch	Patente und patentbezogene Informationen werden aufbereitet und allen Mitarbeitern zugänglich gemacht. Spezifisches Wissen (Technologie, Recht, Markt) wird effizient verteilt und diskutiert.
Wahrnehmung	Patente werden von allen relevanten Unternehmensfunktionen als wertvoller rechtlicher und wirtschaftlicher Bestandteil des Unternehmens und der zukünftigen Entwicklung angesehen.

Die Reifestufen der einzelnen Elemente wurden in ihrer ursprünglichen Form für Unternehmen einer bestimmten Zielgruppe ausgelegt. Die Unternehmen der Zielgruppe sind mindestens als Mittelständler innerhalb eines technologieorientierten Geschäftsfeldes aktiv, in welcher der Schutz des geistigen Eigentums eine wichtige Rolle spielt. Zusätzlich bieten die zur Zielgruppe gehörenden Unternehmen eine Reihe ähnlicher Produkte auf einem Geschäftsfeld an und es stehen ihnen Ressourcen für Patentaktivitäten zur Verfügung. Außerdem betreiben die Unternehmen FuE-Aktivitäten, die Innovationen erzeugen und entweder als eigene Abteilungen oder in Kooperation mit Forschungseinrichtungen betrieben werden. Als Grundlage zur Beschreibung und Abstrahierung der Reifestufen beschreiben MÖHRLE et al. (2018) eine Morphologie mit verschiedenen Gestaltungsaspekten, die auf Literaturrecherchen sowie persönlichen Erfahrungen basiert. Einer den Elementen übergeordneten Morphologie folgend werden für jedes Element spezifische Gestaltungsaspekte berücksichtigt, die in Kombination mit der zugrundeliegenden Literatur die Beschreibung von Reifestufen ermöglicht. In der ursprünglichen Form ist das Reifegradmodell daher als Vorschlag zu verstehen, welcher unter Berücksichtigung der Morphologie sowie der Gestaltungsaspekte an verschiedene Unternehmensumgebungen angepasst werden kann.

3.4 Patent Intelligence als Dimension des 7D Reifegradmodells

Patent Intelligence Elemente werden im 7D Reifegradmodell innerhalb einer Basisdimension zusammengefasst. Dies ermöglicht eine Abgrenzung von Elementen im Bereich Patent Intelligence zu weiteren Elementen im Patentmanagement. Die Dimension Intelligence umfasst fünf der insgesamt 26 Elementen des 7D Reifegradmodells. Diese befassen sich, im Sinne der Patent Intelligence Definition, mit der Auffindung, Ordnung, Untersuchung und Bewertung von Patentinformationen zur systematischen Wissenserschließung sowie der Nutzung des Wissens für unternehmensrelevante Entscheidungen.

Nachfolgend werden die Intelligence Elemente sowie deren Reifestufen genauer beschrieben. Im Unterschied zu MÖHRLE et al. (2018) wird das Element Informationsnutzung als Erstes aufgeführt, da dieses Element den weiteren Elementen Akquisition, Geschäftsfeldanalyse, Stand-der-Technik-Analyse sowie Wertermittlung vorgelagert ist. Dieser Zusammenhang ist darauf zurückzuführen, dass das Element Informationsnutzung Methoden und Hilfsmittel thematisiert, anhand derer quantitative und qualitative Patentinformationen analysiert werden können. Die weiteren Patent Intelligence Elemente greifen diese Patentinformationen auf, um verschiedene patentbezogene Fragestellungen zu beantworten.

3.4.1 Element der Informationsnutzung

Das Element Informationsnutzung beschreibt Fähigkeiten im Umgang mit verschiedenen patentbezogenen Methoden und Hilfsmitteln sowie deren Einsatz zur Identifikation von relevanten Patentinformationen (Abbildung 3-4). Zu den Methoden und Hilfsmitteln zählen die Anwendung von verschiedenen Recherchearten sowie die Verwendung kommerzieller oder frei verfügbarer Softwareprodukte und Datenbanken, um quantitative oder qualitative Daten zu erfassen und in einen unternehmensrelevanten Bedeutungskontext zu setzen. Diese Daten werden durch Anwendung verschiedener Methoden und Hilfsmittel innerhalb dieses Elements in Informationen überführt, um anhand dieser anschließend patentbezogene Fragestellungen zu beantworten. Folgende Fragestellungen können vom Auftragnehmer selbstständig beantwortet oder zwischen Auftragnehmer und Auftraggeber der Patent Intelligence diskutiert werden:

- Welche Datengrundlage wird für die Patent Intelligence benötigt?
- Wer wird an der Patent Intelligence beteiligt?
- Werden weitere Mittel für die Patent Intelligence benötigt?

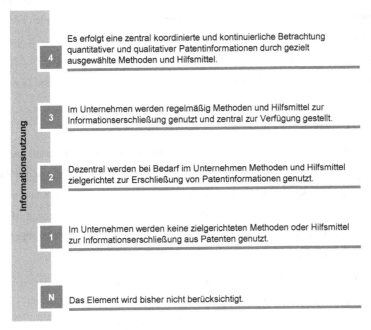

Abbildung 3-4: Reifestufen des Elements Informationsnutzung. Quelle: Eigene Darstellung in Anlehnung an MÖHRLE et al. (2018).

Im Element Informationsnutzung werden insgesamt vier unterschiedliche Gestaltungsaspekte berücksichtigt, die als Datengrundlage, Koordination, Periodizität und Werkzeuggrundlage bezeichnet werden. Anhand der Gestaltungsaspekte sowie der zugrundeliegenden Literatur können die Reifestufen des Elements abgeleitet werden. Im Verlauf der Reifestufen ändert sich daher die Datengrundlage, auf Basis derer Patentinformationen erschlossen werden, von einer quantitativen hin zu einer kombiniert quantitativen und qualitativen Betrachtung. Außerdem wird die Art und Weise der Koordination zur

Aufbereitung der Patentdaten innerhalb der Reifestufen thematisiert. Dazu wird zwischen einer dezentralen und einer zentralen Koordination der Datenaufbereitung unterschieden. Darüber hinaus verändert sich im Verlauf der Reifestufen die Periodizität und Werkzeuggrundlage. Bei der Periodizität der Datenaufbereitung wird je nach Reifestufe zwischen einer seltenen, einer fallweisen oder einer kontinuierlichen Datenaufbereitung unterschieden. Die Werkzeuggrundlage bezieht sich auf die interne oder externe Datenaufbereitung, da sowohl verschiedene, intern zur Verfügung gestellte Softwareprodukte genutzt als auch externe Dienstleister als Unterstützer hinzugezogen werden können. Die Gestaltungsaspekte sowie deren Ausprägungen führen zu insgesamt vier spezifischen Reifestufen im Element Informationsnutzung. Die vier spezifischen Reifestufen werden um die niedrigste Reifestufe N ergänzt, die in allen Elementen des 7D Reifegradmodells identisch ist.

3.4.2 Element der Akquisition

Das Element Akquisition umfasst Fähigkeiten, die sich mit der Identifikation und der Akquise potenzieller Geschäftspartner, Zulieferer, Kunden sowie Einzelpersonen (beispielsweise Erfinder) beschäftigen, aber auch Unternehmensbeteiligungen und -übernahmen vorbereiten (Abbildung 3-5). Anhand der Fähigkeiten, die im Element Akquisition zusammengefasst werden, können folgende Fragestellungen des Auftraggebers einer Patent Intelligence vom Auftragnehmer beantwortet werden:

- Gibt es für das Unternehmen unbekannte Kunden und Zulieferer in einem bestimmten Technologiefeld?

- Welche Unternehmen kommen hinsichtlich einer bestimmten Technologie als Zulieferer in Frage und wie sind diese Unternehmen aufgestellt?

- Gibt es in unternehmensrelevanten Technologiefeldern Start-Ups, die in das Unternehmen integriert werden können?

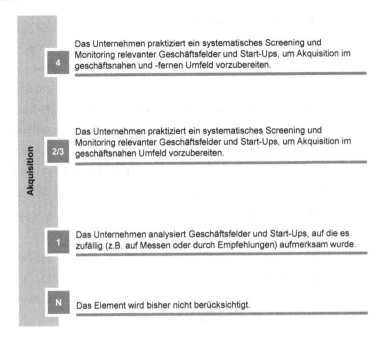

Abbildung 3-5: Reifestufen des Elements Akquisition. Quelle: Eigene Darstellung in Anlehnung an MÖHRLE et al. (2018).

Zur Beschreibung der Reifestufen werden im Element Akquisition insgesamt zwei unterschiedliche Gestaltungsaspekte berücksichtigt. Dazu wird zum einen ein geschäftsnahes oder -fernes Umfeld definiert, in dem die potenzielle Identifikation und Akquise stattfindet. Zum anderen wird die Wahrnehmung als Gestaltungsaspekt berücksichtigt, da die Identifikation und Akquise sporadisch, fallweise oder systematisch und regelmäßig erfolgen kann. Die Gestaltungsaspekte sowie deren Ausprägungen führen zu insgesamt drei spezifischen Reifestufen im Element Akquisition.

3.4.3   Element der Geschäftsfeldanalyse

Das Element Geschäftsfeldanalyse beschreibt Fähigkeiten im Umgang mit der Betrachtung spezifischer Technologiefelder und Wettbewerber. Die im Element thematisierten Analysen fokussieren beispielsweise auf die Einschätzung von Chancen und Risiken oder die Analyse der Wettbewerbssituation innerhalb eines Geschäftsfelds. Zudem sind gezielte Analysen hinsichtlich ausgewählter Wettbewerber denkbar, um deren Handeln sowie deren Innovationsaktivitäten zu beobachten und zu antizipieren. Mögliche Fragestellungen des Auftraggebers der Patent Intelligence, welche die Fähigkeiten des Elements Geschäftsfeldanalyse betreffen, sind daher:

- Wie hat sich die Technologie in den letzten Jahren verändert und wie wird sich die Technologie in Zukunft entwickeln?

- Welche Unternehmen sind in dem Technologiefeld aktiv und wie viele Patente besitzen diese Unternehmen jeweils?

- Welche Technologien werden durch das Patentportfolio des Wettbewerbers geschützt und was zeichnet bestimmte Wettbewerber aus?

Das Element Geschäftsfeldanalyse wird durch drei unterschiedliche Gestaltungsaspekte charakterisiert, die als Spektrum, Trenderkennung und Wahrnehmung bezeichnet werden. Die Geschäftsfeldanalyse kann entsprechend des Gestaltungsaspekts Spektrum auf geschäftsnahe, aber auch auf geschäftsferne Technologiefelder und Wettbewerber ausgerichtet sein. Durch die Geschäftsfeldanalyse können darüber hinaus Trends abgeleitet werden, die entweder frühzeitig oder spät erkannt werden können. Die Wahrnehmung von Trends oder Entwicklungen innerhalb einer Technologie oder bei Wettbewerbern kann systematisch und regelmäßig sowie fallweise erfolgen, sich aber auch sporadisch und zufällig ergeben. Die drei genannten Gestaltungsaspekte sowie deren Ausprägungen führen zu insgesamt vier spezifischen Reifestufen im Element Geschäftsfeldanalyse (Abbildung 3-6).

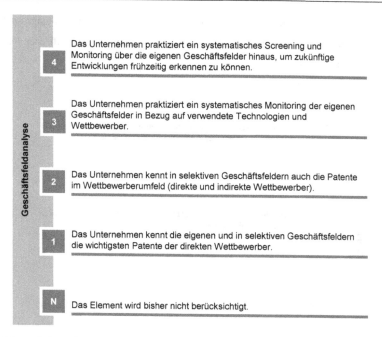

Abbildung 3-6: Reifestufen des Elements Geschäftsfeldanalyse. Quelle: Eigene Darstellung in Anlehnung an MÖHRLE et al. (2018).

3.4.4 Element der Stand-der-Technik-Analyse

Das Element Stand-der-Technik-Analyse befasst sich mit Fähigkeiten zur Ermittlung des weltweit verfügbaren Wissens über eine ausgewählte Technologie sowie zur Ermittlung der Handlungsfreiheit innerhalb eines Technologiefeldes bzw. eines Landes. Die Ermittlung des Standes der Technik kann erfolgen, um Doppelerfindungen, Doppelentwicklungen, oder Patentverletzungen zu vermeiden. Als mögliche Fragen des Auftraggebers, die das Element Stand-der-Technik-Analyse betreffen, können folgende betrachtet werden:

- Wie sieht der aktuelle Stand der Technik hinsichtlich einer Technologie aus?
- Ist es möglich, die vorliegende Erfindung zu patentieren?
- Besteht Handlungsfreiheit innerhalb des Technologiefeldes und des Landes, um eine Technologie zu vermarkten?

Die im Element Stand-der-Technik-Analyse berücksichtigten Gestaltungsaspekte Durchführung, Periodizität und Zielobjekt führen zu insgesamt drei spezifischen Reifestufen (Abbildung 3-7).

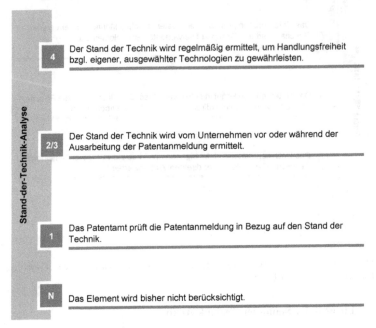

Abbildung 3-7: Reifestufen des Elements Stand-der-Technik-Analyse. Quelle: Eigene Darstellung in Anlehnung an MÖHRLE et al. (2018).

Die Durchführung einer Stand-der-Technik-Analyse kann sowohl intern als auch extern, beispielsweise durch das Patentamt oder einen externen Patentanwalt, erfolgen. Weiterhin kann die Stand-der-Technik-Analyse selten, fallweise oder regelmäßig durchgeführt werden, welches im Gestaltungsaspekt Periodizität Berücksichtigung findet. Das Zielobjekt der Stand-der-Technik-Analyse kann darüber hinaus technologiefeldbezogen oder erfindungsbezogen sein, da zum einen der Fokus auf die Handlungsfreiheit und zum anderen auf die Patentfähigkeit einer Erfindung gelegt werden kann.

3.4.5 Element der Wertermittlung

Das Element Wertermittlung dient der Zusammenfassung von Fähigkeiten zur Bestimmung des monetären und technologischen Werts der eigenen Erfindungsmeldungen und Patente sowie relevanter, fremder Patente. Diese Bestimmung kann sowohl qualitativ als auch quantitativ erfolgen. Anhand der Fähigkeiten, die im Element Wertermittlung zusammengefasst werden, kann überprüft werden, ob die unternehmenseigenen Erfindungsmeldungen und Patente einen (Mehr-)Wert für das Patentportfolio haben, welcher Wert den eigenen Patenten im Vergleich zu den Wettbewerberpatenten zugesprochen werden kann und welchen Wert fremde Patente für das eigene Unternehmen besitzen.

Als mögliche Fragen des Auftraggebers einer Patent Intelligence können für das Element Wertermittlung folgende in Betracht gezogen werden:

- Was kostet die Lizenzierung eines spezifischen, fremden Patents?
- Wie hoch ist die Qualität der Patente des Unternehmens im Vergleich zum Wettbewerb?
- Welchen monetären Wert hat das unternehmenseigene Patentportfolio?

Im Element Wertermittlung werden die zwei Gestaltungsaspekte Methode und Zielobjekt berücksichtigt. Bei der Wertermittlung kann zwischen qualitativen und quantitativen Methoden unterschieden werden, die je nach Reifestufe auch gemeinsam angewendet werden können. Als mögliche Zielobjekte für die qualitativen und quantitativen Analysen werden unternehmensinterne Erfindungsmeldungen und Patente sowie unternehmensexterne Patente (und Patentanmeldungen) betrachtet. Diese Gestaltungsaspekte sowie deren Ausprägungen führen zu insgesamt vier spezifischen Reifestufen im Element Wertermittlung (Abbildung 3-8).

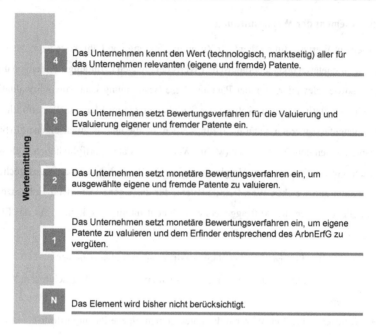

Abbildung 3-8: Reifestufen des Elements Wertermittlung. Quelle: Eigene Darstellung in Anlehnung an MÖHRLE et al. (2018).

3.5   Relevanz der Patent Intelligence in anderen Reifegradansätzen

Patent Intelligence Elemente werden auch in anderen Reifegradansätzen thematisiert. Neben dem 7D Reifegradmodell für das Patentmanagement existieren vier andere Reifegradansätze mit direktem Bezug zum IP- und Patentmanagement (Tabelle 3-8).

Tabelle 3-8: Reifegradansätze im IP- und Patentmanagement. Quelle: Eigene Darstellung in Anlehnung an WUSTMANS et al. (under review).

Name des Reifegradansatzes	Relevante Autoren
Edison Pyramid	Davis und Harrison (2001) Harrison und Sullivan (2011)
Strategic Patent Management Maturity	Kern und van Reekum (2008) Kern und van Reekum (2012)
AIDA	Kjaer (2009) Petit et al. (2011)
Intellectual Asset Governance	Gibb und Blili (2012) Gibb und Blili(2013)

Der Vergleich[13] des 7D Reifegradmodells mit den anderen Reifegradansätzen zeigt, dass Patent Intelligence Elemente zahlreiche Facetten der Informationserschließung und Wissensgenerierung abbilden, die auf unterschiedliche Weise zusammengefasst und ausgeführt werden können. Obwohl ein direkter Vergleich der Elemente aufgrund der unterschiedlichen Beschaffenheit der Ansätze schwierig ist, führt der Vergleich zu einem verbesserten Verständnis der Patent Intelligence Elemente sowie deren Verbindungen zu weiteren Elementen des 7D Reifegradmodells. Hier zeigt sich, dass die weiteren Elemente des 7D Reifegradmodells von der Patent Intelligence und dem dadurch bereitgestellten Wissen profitieren (können).

3.5.1 Reifegradansatz – Edison Pyramid

Der *Edison Pyramid* Ansatz, ursprünglich von DAVIS UND HARRISON (2001) beschrieben, basiert auf verschiedenen Vorgehensweisen (*Best Practices*) und Erfahrungen der Autoren im Umgang mit dem IP-Management. Der Ansatz baut auf fünf Reifestufen auf, die als *Value Hierarchy* oder als *Edison Pyramid* bezeichnet werden (vgl. hierzu und im Folgenden Harrison und Sullivan, 2011;·Wustmans et al., under review). Anders als beim 7D Reifegradmodell werden die insgesamt 18 Elemente nicht in Reifestufen beschrieben, sondern einer der Reifestufen der Edison Pyramide zugeordnet. Daraus folgt, dass Unternehmen auf einer niedrigeren Reifestufe nicht alle Elemente des Reifegradansatzes berücksichtigen. Erst wenn ein Unternehmen die in den Elementen beschriebenen Anforderungen erfüllt, kann es eine höhere Reifestufe erreichen. Die Elemente der höheren Reifestufe bauen demnach auf den Elementen der niedrigeren Reifestufen auf. Die Zuordnung eines Unternehmens zu einer Reifestufe erfolgt auf Basis der Erfahrungen des Unternehmens im Umgang mit dem IP-Management. Beispielsweise setzen sich Unternehmen auf einer niedrigeren Reifestufe mit Elementen auseinander, die den Schutz der eigenen Wettbewerbsposition sowie der Durchsetzung der eigenen geistigen Eigentumsrechte beschreiben. Sind der Schutz der unternehmenseigenen

---

[13] Die Vergleiche der Patent Intelligence Elemente beruhen auf WUSTMANS et al. (under review). Da WUSTMANS et al. (under review) jedoch auf MOEHRLE et al. (2017a) und somit auf einer früheren Version des 7D Reifegradmodells basiert, wird das Intelligence Element Akquisition nicht berücksichtigt. Die in WUSTMANS et al. (under review) aufgeführten Ergebnisse werden daher um Untersuchungen zum Patent Intelligence Element Akquisition erweitert.

Wettbewerbsposition sowie die Durchsetzung der geistigen Eigentumsrechte gewähr-leistet, können Unternehmen die Elemente der höheren Reifestufen betrachten. Ele-mente der höheren Reifestufen beschreiben beispielsweise die Notwendigkeit und Um-setzung einer IP-Strategie sowie die Nutzung von IP zur Sicherung zukunftsrelevanter Technologien. Zu den Elementen des *Edison Pyramid* Ansatzes, die Patent Intelligence thematisieren, zählen *Screening Criterion, Make versus Buy, Identify Value, IP Report-ing, Technology Option Investments, Refine IP Strategy and Portfolio* und *Define and Influence Future*. Diese werden nachfolgend mit den Patent Intelligence Elementen des 7D Reifegradmodells verglichen (vgl. hierzu und im Folgenden Harrison und Sullivan, 2011; Wustmans et al., under review).

Das Element *Screening Criterion* beschreibt die Notwendigkeit der Festlegung eines Screening-Prozesses und eines Kriteriums zur Entscheidung, welche eigenen Erfindun-gen sowie externen Patente in das Patentportfolio des Unternehmens aufgenommen wer-den. Darüber hinaus wird im Element die Notwendigkeit zur Festlegung eines Scree-ning-Prozesses für das Patentportfolio von Wettbewerbern dargestellt. Das Element *Screening Criterion* ist in den Patent Intelligence Elementen Akquisition, Geschäfts-feldanalyse und Wertermittlung abgebildet. Zusätzlich spielt es in den Elementen Pro-zessintegration aus der Dimension Organisation sowie Information und Wissenstransfer aus der Dimension Kultur des 7D Reifegradmodells eine Rolle.

Das Element *Make versus Buy* umfasst die Betrachtung der für das Unternehmen rele-vanten, fremden Technologien und berücksichtigt die Fragestellung, ob eine alternative Lösung entwickelt oder das zugehörige Patent gekauft bzw. eine Lizenz genommen wer-den soll. Dieses Element ist durch die Patent Intelligence Elemente Akquisition, Stand-der-Technik-Analyse und Wertermittlung abgebildet. Darüber hinaus ist das Element *Make versus Buy* vergleichbar mit den Elementen Portfoliomanagement der Dimension Portfolio sowie Umgehungslösung der Dimension Generierung.

Das Element *Identify Value* legt 40 verschiedene Arten zur Nutzung und zum Wert des unternehmenseigenen IP-Portfolios offen, auf deren Basis Handlungsmöglichkeiten ab-geleitet werden können. Das Patent Intelligence Element Wertermittlung bildet Bereiche des Elements *Identify Value* ab. Weitere Möglichkeiten zur Nutzung des Patentportfo-lios werden in Elementen der Dimension Verwertung thematisiert.

Das Element *IP Reporting* zeigt Möglichkeiten auf, die der Auswertung und Übermittlung von Patentinformationen in einfacher und komplexer Form an interne und externe Stakeholder dienen. Das Element ist in den Elementen Informationsnutzung, Stand-der-Technik-Analyse und Wertermittlung vertreten. Des Weiteren betrifft das Element *IP Reporting* auch die Elemente Stakeholdermanagement der Dimension Organisation sowie das Element Informations- und Wissenstransfer der Dimension Kultur.

Das Element *Technology Option Investments* beschreibt die Verwendung von Patentanmeldungen oder den Kauf bzw. die Lizenznahme von Patenten zur Absicherung möglicher zukünftiger Geschäftsfelder. Dieses Element ist durch die Intelligence Elemente Geschäftsfeldanalyse, Stand-der-Technik-Analyse und Wertermittlung abgebildet. Zusätzlich ist das Element mit Teilen des Elements Portfoliomanagement vergleichbar.

Das Element *Refine IP Strategy and Portfolio* beschäftigt sich mit einer kontinuierlichen Anpassung und Aktualisierung der IP-Strategie und der davon abhängigen Größe des Portfolios, um sich den wandelnden Geschäfts- und Technologiebedingungen anpassen zu können. Dieses Element ist durch die Intelligence Elemente Geschäftsfeldanalyse und Wertermittlung abgebildet. Außerdem werden das Element Anmeldestrategie der Dimension Generierung sowie weite Bereiche der Dimension Portfolio berührt.

Das Element *Define and Influence Future* berücksichtigt die mögliche Nutzung von IP, um aus Unternehmenssicht Einfluss auf die Zukunft eines Technologiefeldes nehmen zu können. Dieses Element ist durch die Intelligence Elemente Akquisition und Geschäftsfeldanalyse abgebildet. Ferner wird das Element *Define and Influence Future* in den Elementen Anmeldestrategie der Dimension Generierung sowie Portfoliomanagement und Strategiekoordinierung der Dimension Portfolio berücksichtigt.

Tabelle 3-9 fasst abschließend die Vergleiche zusammen. Auffällig ist, dass die Elemente des *Edison Pyramid* Ansatzes, welche Patent Intelligence thematisieren, häufig in den Patent Intelligence Elementen Geschäftsfeldanalyse und Wertermittlung des 7D Reifegradmodells eine Rolle spielen. Auf diese Weise lassen sich Rückschlüsse auf mögliche Anwendungsfelder und Verbindungen der Patent Intelligence Elemente ziehen.

Tabelle 3-9: Vergleich der für die Patent Intelligence relevanten Elemente des *Edison Pyramid* Reifegradansatzes und des 7D Reifegradmodells für das Patentmanagement. Das „x" zeigt vergleichbare Elemente. Quelle: Eigene Darstellung in Anlehnung an WUSTMANS et al. (under review).

Element	Informations-nutzung	Akquisition	Geschäftsfeld-analyse	Stand-der-Technik-Analyse	Wertermittlung
Screening Criterion		x	x		x
Make versus Buy		x		x	x
Identify Value					x
IP Reporting	x		x		x
Technology Option Investments			x	x	x
Refine IP Strategy and Portfolio			x		x
Define and Influence Future		x	x		

Der *Edison Pyramid* Ansatz zeigt auf, dass Patent Intelligence auch in vielen strategischen Fragestellungen eine Hilfestellung leisten kann; dies zeigen die Referenzen zu den Elementen *Refine IP Strategy and Portfolio* und *Define and Influence Future*. Auffällig ist auch, dass auf einer niedrigen Reifestufe der Edison Pyramide häufig eine nach innen gerichtete Sichtweise zur Nutzung von Patent Intelligence beschrieben wird. Dies spiegelt sich auch in der aufgestellten Proposition 7 wider, die Patent Intelligence eine Unterstützung der nach innen gerichteten Überarbeitung des Patentportfolios zuschreibt, beispielsweise durch die Wertermittlung der eigenen Patente im Vergleich zum Wettbewerb oder ein Lebenszyklus- und Portfoliomanagement. Die Elemente des *Edison Pyramid Ansatzes*, die Patent Intelligence thematisieren, weisen darüber hinaus Ähnlichkeiten zu weiteren Elementen des 7D Reifegradmodells auf. Überschneidungen sind vor allem zu den Dimensionen Generierung und Portfolio zu erkennen. Patent Intelligence kann demnach den Aufbau und die Verwaltung eines unternehmenseigenen Patentportfolios unterstützen, welches auch durch Proposition 1 (Verbesserung der Ressourceneigenschaften der eigenen Patente und Patentportfolios), Proposition 3 (Anstoß zu eigenen Erfindungen) und Proposition 7 (nach innen gerichtete Überarbeitung) beschrieben wird.

3.5.2 Reifegradansatz – Strategic Patent Management Maturity

Der *Strategic Patent Management Maturity* Ansatz von KERN UND VAN REEKUM (2008) zielt auf die Entwicklung von strategischen Planungsaufgaben im Bereich des Patentmanagements ab. Der Ansatz umfasst insgesamt acht Elemente, die zwei Dimensionen zugeordnet und in jeweils vier Reifestufen beschrieben werden. Die Reifestufen werden als Lebenszyklusphasen verstanden, sodass den Unternehmen der Zielgruppe empfohlen wird, in den Elementen die jeweils höchste Reifestufe anzustreben, um den strategischen Planungsaufgaben im Patentmanagement gerecht werden zu können. Fünf der acht Elemente des *Strategic Patent Management Maturity* Ansatzes spiegeln sich in den Patent Intelligence Elementen des 7D Reifegradmodells wider. Diese heißen *Protection*, *Dissemination*, *Liability*, *Asset* und *Performance Indication* (vgl. hierzu und im Folgenden Kern und van Reekum, 2008, 2012; Wustmans et al., under review).

Das Element *Protection* zeigt die Nutzung von Patenten zum Ausschluss fremder Unternehmen von unternehmenseigenen Erfindungen sowie die Bestrebungen diese Rechte durchzusetzen. Darüber hinaus werden systematische Screening-Mechanismen für Wettbewerber bzw. Technologiefelder thematisiert, um Handlungsfreiheit zu bewahren und gegenüber fremden Unternehmen durchzusetzen. Das Element *Protection* wird durch die Patent Intelligence Elemente Geschäftsfeldanalyse und Stand-der-Technik-Analyse repräsentiert. Des Weiteren werden durch das Element *Protection* Bereiche aller Elemente der Dimension Durchsetzung und das Element Zuständigkeit der Dimension Organisation des 7D Reifegradmodells beschrieben.

Das Element *Dissemination* zeigt die Nutzung von Patentinformationen als Anregung für eigene Erfindungen und Umgehungslösungen auf. Daneben stellt das Element *Dissemination* die Nutzung von Patentinformationen zur Beendigung unternehmenseigener FuE-Bemühungen dar. Zusätzlich werden Risiken behandelt, die mit der Offenlegung von Informationen über Patente einhergehen. Zu den Risiken gehört die Offenlegung der unternehmensinternen FuE-Bemühungen, da auf diese Weise beispielsweise Umgehungslösungen vom Wettbewerb hergerufen werden (können). Das Element *Dissemination* ist in den Intelligence Elementen Informationsnutzung, Akquisition, Geschäftsfeldanalyse und Stand-der-Technik-Analyse vertreten. Außerdem tangiert das Element

Dissemination die Elemente der Dimensionen Verwertung und Durchsetzung sowie die Dimension Organisation im Element Zuständigkeit.

Das Element *Liability* berücksichtigt die finanzielle sowie rechtliche Bedeutung von Patenten. Finanziell gesehen können Patente genutzt werden, um Wettbewerbsvorteile zu generieren und zukünftige Einkünfte zu sichern. Dennoch besteht auch das unternehmerische Risiko, Patente des Wettbewerbs zu verletzen und Bußgelder oder Verfahrensgelder bezahlen zu müssen. Um derartige Verletzungsklagen zu vermeiden, wird im Element *Liability* die Ermittlung des Standes der Technik sowie die Ermittlung der Handlungsfreiheit thematisiert. Das Element *Liability* wird daher durch das Intelligence Element Stand-der-Technik-Analyse abgebildet. Ferner werden auch Elemente der Dimensionen Verwertung, Durchsetzung und Organisation berührt.

Das Element *Asset* fokussiert wiederum auf die Generierung finanzieller Mittel durch den Schutz geistigen Eigentums und die damit einhergehenden Wettbewerbsvorteile. Zusätzlich beschreibt das Element die finanzielle Bewertung eigener und fremder Patente. Das Element *Asset* ist durch das Intelligence Element Wertermittlung abgebildet. Zusätzlich betrifft es Teile der Dimension Verwertung.

Das Element *Performance Indication* greift Möglichkeiten auf, die unternehmensinternen Forschungs- und Entwicklungsbemühungen zu bewerten und über Indikatoren zu erfassen. Diese Daten können vom Unternehmen genutzt werden, um die Reputation des Unternehmens zu steigern. Das Element *Performance Indication* ist durch das Intelligence Element Wertermittlung repräsentiert. Zudem werden Teile aller Elemente der Dimension Verwertung und das Element Stakeholdermanagement der Dimension Organisation abgebildet.

Tabelle 3-10 fasst abschließend die Ergebnisse des Vergleichs zusammen. Auffällig ist, dass die Stand-der-Technik-Analyse das am häufigsten tangierte Patent Intelligence Element des 7D Reifegradmodells ist. Der Ansatz kann folglich zur Identifikation weiterer Anwendungsmöglichkeiten des Elements Stand-der-Technik-Analyse genutzt werden.

Tabelle 3-10: Vergleich der für die Patent Intelligence relevanten Elemente des *Strategic Patent Management Maturity* Reifegradansatzes und des 7D Reifegradmodells für das Patentmanagement. Das „x" zeigt vergleichbare Elemente. Quelle: Eigene Darstellung in Anlehnung an WUSTMANS et al. (under review).

Element	Informations-nutzung	Akquisition	Geschäftsfeld-analyse	Stand-der-Technik-Analyse	Wertermittlung
Protection			x	x	
Dissemination	x	x	x	x	
Liability				x	
Asset					x
Performance Indication					x

Der *Strategic Patent Management Maturity* Ansatz zeigt auf, in welche strategischen Planungsaufgaben die Patent Intelligence involviert werden kann und gibt weiterhin Aufschluss über Risiken, die mit der Offenlegung der eigenen Patentinformationen einhergehen (Element *Dissemination*). Dies spiegelt sich sowohl in der Proposition 5 (Betrachtung unternehmensfremder Patente als extern zur Verfügung stehende Ressourcen) als auch in der im Wirkungsdiagramm dargestellten Wissensgenerierungs- und Absorptionsschleife wider. Ferner lässt sich feststellen, dass die für die Patent Intelligence berücksichtigten Elemente des *Strategic Patent Management Maturity* Ansatzes vor allem weite Bereiche der Dimensionen Verwertung und Durchsetzung des 7D Reifegradmodells berühren, aber auch in der Dimensionen Organisation eine Rolle spielen. Dies ist sowohl in Proposition 1 (Verbesserung der Ressourceneigenschaften der eigenen Patente und Patentportfolios im Vergleich zum Wettbewerb) als auch in Proposition 2 (Unterscheidung unternehmensspezifischer Ressourcen von Ressourcen der Wettbewerber) zu erkennen.

3.5.3   Reifegradansatz – AIDA

Der AIDA Ansatz von KJAER (2009) zielt auf die Erweiterung des Bewusstseins und der Kenntnisse über IP von kleinen und mittleren Unternehmen (KMU) ab. Er besteht aus insgesamt 16 Elementen, die vier Reifestufen zugeordnet werden. Die Reifestufen sind in Anlehnung an das bekannte AIDA-Marketingkonzept (*Attention, Interest, Desire, Action*) aufgebaut, wobei AIDA im Hinblick auf den Reifegradansatz stellvertretend für die Begriffe *Awareness, Protection, Management, Exploitation* steht. Ähnlich wie beim *Edison Pyramid* Ansatz werden die Elemente nicht in Reifestufen beschrieben, sondern einer der AIDA-Reifestufen zugeordnet. Den Unternehmen der Zielgruppe wird geraten, erst die Elemente der unteren Reifestufen *Awareness* und *Protection* zu berücksichtigen, bevor die Elemente der oberen Reifestufen *Management* und *Exploitation* in Betracht gezogen werden. Elemente der unteren Reifestufe fokussieren beispielsweise das Wissen des Unternehmens hinsichtlich ihrer IP-Rechte; Elemente der oberen Reifestufen betrachten hingegen die IP-Strategie oder die Verwertung der IP-Rechte. Vergleichbar mit den Patent Intelligence Elementen des 7D Reifegradmodells sind die vier Elemente *Information, Use of other IP Tools, Third Party IP Patents* und *Information Monitoring* aufgeführt (vgl. hierzu und im Folgenden Kjaer, 2009; Petit et al., 2011; Wustmans et al., under review).

Das Element *Information* beschreibt die Recherche nach relevanten Informationen im Hinblick auf IP. Neben der Recherche in entsprechenden Datenbanken werden auch Möglichkeiten zur (finanziellen) Unterstützung, beispielsweise zur Patentanmeldung, im Element berücksichtigt. Das Element *Information* ist im Intelligence Element Informationsnutzung abgebildet. Zudem betrifft es das Element Zuständigkeit der Dimension Organisation des 7D Reifegradmodells.

Das Element *Use of other IP Tools* fokussiert auf die Nutzung von Softwareprodukten über die Verwaltungszwecke von IP hinaus. Damit sind beispielsweise Softwareprodukte gemeint, die der Informationsaufbereitung des strategischen Managements dienen. Das Element *Use of other IP Tools* ist im Intelligence Element Informationsnutzung abgebildet. Weitere Elemente des 7D Reifegradmodells können mit dem Element *Use of other IP Tools* nur indirekt verglichen werden, da diese von entsprechenden Softwareprodukten profitieren (können).

Das Element *Third Party IP Rights* geht auf den Umgang des Unternehmens mit fremder IP sowie der Reaktion des Unternehmens auf Verletzungsklagen ein. Dazu wird sowohl die Bewertung fremder IP-Rechte als auch die Identifikation der eigenen Handlungsfreiheit thematisiert. Das Element *Third Party IP Rights* wird durch die Intelligence Elemente Stand-der-Technik-Analyse sowie Wertermittlung repräsentiert. Ferner werden Teile des Elements *Third Party IP Rights* durch die Dimension Durchsetzung, speziell dem Element Abwehrverhalten, abgebildet.

Das Element *Information Monitoring* beschreibt Möglichkeiten zur Analyse des Wettbewerberverhaltens und technologischer Entwicklungen. Zusätzlich werden Möglichkeiten zur Art der Informationsgewinnung und zur Überwachung der eigenen Handlungsfreiheit dargestellt. Das Element *Information Monitoring* ist durch die Intelligence Elemente Informationsnutzung, Geschäftsfeldanalyse und Stand-der-Technik-Analyse abgebildet. Da in diesem Element speziell die Informationsgewinnung im Vordergrund steht, werden keine weiteren Elemente des 7D Reifegradmodells abgebildet.

Tabelle 3-11 fasst abschließend den Vergleich der Elemente zusammen. Der AIDA Ansatz zeigt verschiedene Möglichkeiten der Patent Intelligence sowie deren Anwendungsgebiete auf, jedoch ist auffällig, dass keine Elemente des AIDA Ansatzes mit dem Patent Intelligence Element Akquisition vergleichbar sind. Außerdem werden durch die Elemente des AIDA Ansatzes, die Patent Intelligence thematisieren, nur wenige weitere Elemente des 7D Reifegradmodells tangiert.

Tabelle 3-11: Vergleich der für die Patent Intelligence relevanten Elemente des AIDA Reifegradansatzes und des 7D Reifegradmodells für das Patentmanagement. Das „x" zeigt vergleichbare Elemente. Quelle: Eigene Darstellung in Anlehnung an WUSTMANS et al. (under review).

Element	Informations-nutzung	Akquisition	Geschäftsfeld-analyse	Stand-der-Technik-Analyse	Wertermittlung
Information	x				
Use of other IP Tools	x				x
Third Party IP Rights				x	x
Information Monitoring			x	x	

Im AIDA Ansatz lassen sich Rückschlüsse über verschiedene Betrachtungsweisen des IP-Managements ziehen. Im Element *Use of other IP Tools* wird darauf hingewiesen, dass Softwareprodukte existieren, die über die Verwaltung der unternehmenseigenen IP hinausgeht. Außerdem werden Analysemethoden für das strategische Management im Element *Information Monitoring* berücksichtigt (Analyse des Wettbewerberverhaltens sowie technologische Entwicklungen). Darüber hinaus werden die für die Patent Intelligence berücksichtigten Elemente des AIDA Ansatzes nur in wenigen weiteren Elementen des 7D Reifegradmodells abgebildet (Abwehrverhalten und Zuständigkeit). Dies kann auf einen stärkeren Fokus der AIDA Elemente und die damit einhergehende Abgrenzbarkeit der Elemente untereinander hindeuten, oder auf die Zielsetzung des Ansatzes zur Erweiterung des Bewusstseins und der Kenntnisse der Unternehmen im Hinblick auf IP zurückgeführt werden.

3.5.4 Reifegradansatz – Intellectual Asset Governance

Der *Intellectual Asset Governance* Ansatz von GIBB UND BLILI (2012) zielt auf die Unterstützung der Verwaltung von IP sowie unterschiedlichen Ausprägungen des IP-Managements in KMU ab. Der Ansatz besteht aus insgesamt zwölf Elementen, die in fünf Reifestufen beschrieben und gleichmäßig auf zwei Dimensionen verteilt werden. Die erste Dimension bündelt Elemente, die auf die operativen Aufgaben im IP-Management ausgerichtet sind; die zweite Dimension fasst Elemente mit strategischen Aspekten zusammen. Die Elemente *Valuation, Enforcement* und *Environmental Scanning* des *Intellectual Asset Governance* Ansatzes thematisieren Patent Intelligence und können mit den Patent Intelligence Elementen des 7D Reifegradmodells verglichen werden (vgl. hierzu und im Folgenden Gibb und Blili, 2012; Gibb und Blili, 2013; Wustmans et al., under review).

Das Element *Valuation* beschreibt die Identifizierung und Bewertung relevanter IP innerhalb des Unternehmens. Dazu wird strategisch entschieden, ob und in welcher Weise IP geschützt werden soll. Das Element *Valuation* kann mit dem Patent Intelligence Element Wertermittlung verglichen werden. Darüber hinaus werden Teile des Elements *Valuation* in den Elementen Anmeldeentwurf (Dimension Generierung), Strategiekoordinierung (Dimension Portfolio) sowie Prozessintegration (Dimension Organisation) des 7D Reifegradmodells für das Patentmanagement berücksichtigt.

Das Element *Enforcement* fokussiert in erster Linie auf die Durchsetzung der eigenen IP-Rechte gegenüber Dritten und die Reaktion des Unternehmens auf eingehende Verletzungsklagen. Das Element *Enforcement* ist in Teilen der Intelligence Elemente Geschäftsfeldanalyse und Stand-der-Technik-Analyse vertreten. Ferner tangiert das Element *Enforcement* alle Elemente der Dimension Durchsetzung.

Das Element *Environmental Scanning* geht auf die Informationsgewinnung aus Patenten zur Identifikation von Patentverletzungen, zum Patentierverhalten von Wettbewerbern sowie von potenziellen Geschäftspartnern oder Zulieferern ein. Das Element *Environmental Scanning* findet sich in den Elementen Informationsnutzung, Akquisition sowie Geschäftsfeldanalyse wieder. Da das Element gezielt auf die Informationsgewinnung aus Patenten eingeht, ist es nur indirekt in den weiteren Elementen des 7D Reifegradmodells vertreten.

Tabelle 3-12 fasst abschließend den Vergleich der Elemente des *Intellectual Asset Governance* Ansatzes, die Patent Intelligence thematisieren, zu den Intelligence Elementen des 7D Reifegradmodells zusammen. Auffällig ist, dass vorwiegend das Element *Environmental Scanning* des *Intellectual Asset Governance* Ansatzes viele Bereiche der Intelligence Dimension des 7D Reifegradmodells umfasst.

Tabelle 3-12: Vergleich der für die Patent Intelligence relevanten Elemente des *Intellectual Asset Governance* Reifegradansatzes und des 7D Reifegradmodells für das Patentmanagement. Das „x" zeigt vergleichbare Elemente. Quelle: Eigene Darstellung in Anlehnung an WUSTMANS et al. (under review).

Element	Informations-nutzung	Akquisition	Geschäftsfeld-analyse	Stand-der-Technik-Analyse	Wertermittlung
Valuation					x
Enforcement			x	x	
Environmental Scanning	x	x	x		

Der *Intellectual Asset Governance* Ansatz gibt ähnliche Aufschlüsse über die potenziellen Anwendungsgebiete der Patent Intelligence wie die bereits betrachteten Reifegradansätze. Patent Intelligence kann demnach die Verwaltung der eigenen IP (oder speziell der eigenen Patente) unterstützen (Element *Valuation*). Daneben gibt dieser Reifegrad-ansatz Aufschlüsse über eine nach außen gerichtete Sichtweise zur Beobachtung von Patentverletzungen, zum Patentierverhalten von Wettbewerbern sowie von potenziellen Geschäftspartnern und Zulieferern (Element *Environmental Scanning*). Außerdem sind die Elemente des *Intellectual Asset Governance* Ansatzes, die Patent Intelligence the-matisieren, hauptsächlich in weiteren Elementen der Dimension Durchsetzung des 7D Reifegradmodells wiederzufinden, betreffen aber auch Teile der Dimensionen Generie-rung, Portfolio und Organisation.

Abschließend ist festzustellen, dass die Vergleiche der Patent Intelligence Elemente mit Elementen anderer Reifegradmodelle sowie deren Verknüpfungen zu weiteren Elemen-ten des 7D Reifegradmodells zeigen, dass das 7D Reifegradmodell aufgrund der Ab-grenzung der Patent Intelligence Elemente zu weiteren Elementen im Patentmanage-ment eine geeignete Grundlage zur Untersuchung der Patent Intelligence in der unter-nehmerischen Praxis darstellt. Des Weiteren ist erkennbar, dass die Patent Intelligence Elemente zahlreiche Facetten der Informationserschließung und Wissensgenerierung abbilden und sich in den aufgestellten Propositionen wiederfinden, wodurch diese be-kräftigt werden können.

4 Methodisches Vorgehen

Das methodische Vorgehen dieser Arbeit beruht auf qualitativen Forschungsansätzen und dient primär der Betrachtung der Patent Intelligence Elemente des 7D Reifegradmodells in der unternehmerischen Praxis. Dazu werden anhand von vier Fallstudien Möglichkeiten zur Implementierung und Entwicklung der Patent Intelligence Elemente näher betrachtet. Innerhalb der vier Fallstudien werden vier Unternehmen analysiert, denen unterschiedliche Mittel für die Patent Intelligence zur Verfügung stehen. Darüber hinaus zielt das methodische Vorgehen darauf ab, die Ablauforganisation der Patent Intelligence in Unternehmen abzubilden, um den Zusammenhang der einzelnen Patent Intelligence Elemente darzustellen. Innerhalb der Fallstudien werden zudem zwei verschiedene Betrachtungsweisen (Strategischer Manager als Auftraggeber und Patentmanager als Auftragnehmer) auf das Thema Patentinformationen untersucht, um die Kommunikation zwischen dem Auftraggeber und dem Auftragnehmer der Patent Intelligence sowie die Überführung von Patentinformationen in unternehmensrelevantes Wissen zu untersuchen.

Nachdem im vorangegangenen Kapitel Propositionen aufgestellt, die Zusammenhänge zwischen der Patent Intelligence und der ressourcenbasierten Theorie beschrieben und das 7D Reifegradmodell für das Patentmanagement vorgestellt wurden, bezieht sich dieses Kapitel auf das methodische Vorgehen zur Beantwortung der weiteren, forschungsleitenden Fragestellungen. Das Kapitel gliedert sich dazu in zwei Teile: Im ersten Teil wird das methodische Vorgehen zur Untersuchung der Patent Intelligence Elemente in der unternehmerischen Praxis beschrieben, welches auf der fallstudienbasierten Forschung beruht. Im zweiten Teil werden daraufhin Maßnahmen zur Sicherstellung der Qualität der Forschung aufgestellt, die sich im Wesentlichen auf die Reproduzierbarkeit des methodischen Vorgehens sowie der Ergebnisse beziehen.

© Springer Fachmedien Wiesbaden GmbH, ein Teil von Springer Nature 2019
M. Wustmans, *Patent Intelligence zur unternehmensrelevanten Wissenserschließung*,
Forschungs-/ Entwicklungs-/ Innovations-Management,
https://doi.org/10.1007/978-3-658-24066-0_4

4.1 Fallstudienbasierte Forschung

Eine fallstudienbasierte Forschung kann Einblicke in organisatorische und Managementprozesse gewähren und die Beantwortung forschungsleitender Fragestellungen unterstützen, die sich mit gegenwärtigen Zuständen auseinandersetzen (Yin, 2014). Nach YIN (2014) entspricht die fallstudienbasierte Forschung einem methodischen Vorgehen zur empirischen Datenerhebung, die ein gegenwärtiges Phänomen („den Fall") in der Tiefe sowie im gegenwärtigen Kontext erforscht, wobei die Grenzen zwischen dem Phänomen und dem gegenwärtigen Kontext häufig nicht klar ersichtlich sind.

Für die Untersuchung der Patent Intelligence Elemente in der unternehmerischen Praxis wird eine Mehrfallstudie (*Multiple Case Study*) im integrierten Design (*Embedded Design*) gewählt (Yin, 2014). In einer derartigen Mehrfallstudie werden mehrere Fälle untersucht und innerhalb der einzelnen Fälle verschiedene Betrachtungsweisen anhand unterschiedlicher Datenquellen oder Datenerhebungsmethoden berücksichtigt. Für die Mehrfallstudie dieser Arbeit werden technologieorientierte Unternehmen ausgewählt, denen unterschiedliche Mittel für die Patent Intelligence zur Verfügung stehen und die auf die beschriebene Zielgruppe dieser Arbeit passen. Die einzelnen Fallstudien werden auf Basis qualitativer Experteninterviews und Workshops innerhalb der Unternehmen durchgeführt. Dazu werden innerhalb eines Unternehmens Personen identifiziert, welche für die Wissenserschließung aus Patentinformationen zuständig sind oder von dem erzeugten Wissen profitieren. Auf diese Weise werden die zwei verschiedenen Betrachtungsweisen auf das Thema Patentinformationen untersucht. Als Patentmanager werden in dieser Arbeit alle befragten Personen bezeichnet, die in dem Unternehmen Wissen aus Patentinformationen generieren. Dazu gehören sowohl unternehmensinterne Patentmanager, unternehmensinterne Patentanwälte als auch weitere Angestellte mit ähnlichem Verantwortungsbereich. Als strategische Manager werden alle befragten Personen bezeichnet, die Wissen aus Patentinformationen anfragen bzw. nutzen, um eine unternehmensrelevante Entscheidung zu treffen oder Konsequenzen aus den Patentrecherchen und -analysen zu ziehen. Zu diesen Personen gehören beispielsweise Innovationsmanager, Produktmanager, Abteilungsleiter oder Technologievorstände.

Das methodische Vorgehen zur Untersuchung der Patent Intelligence Elemente in unternehmerischer Praxis anhand der Mehrfallstudie im integrierten Design wird in Abbildung 4-1 dargestellt. Eingebettet in die fallstudienbasierte Forschung nach YIN (2014) erfolgt die Erstellung der Datenbasis anhand qualitativer Experteninterviews in Anlehnung an die Vorgehensweise nach KAISER (2014). Anhand der qualitativen Experteninterviews sowie unter Berücksichtigung der qualitativen Inhaltsanalyse nach KUCKARTZ (2016) erfolgt die Auswertung der Datenbasis im Hinblick auf die Bestimmung der jeweiligen Ist-Reifestufen der Patent Intelligence Elemente des 7D Reifegradmodells. Eine weitere Auswertung der Interviewdaten zielt auf den Zusammenhang zwischen den Patent Intelligence Elementen und der Kommunikation zwischen dem Auftraggeber und Auftragnehmer der Patent Intelligence ab. Die Datenbasis wird anschließend in Form von Workshops (Lipp und Will, 2008) innerhalb der Unternehmen erweitert. Die Workshops dienen der Validierung der aus der Datenbasis abgeleiteten Ist-Reifestufen sowie der gemeinsamen Bestimmung der jeweiligen Soll-Reifestufen hinsichtlich der Patent Intelligence Elemente. Darüber hinaus werden in den Workshops Maßnahmen zur Entwicklung einzelner Patent Intelligence Elemente abgeleitet. Abschließend erfolgen eine Auswertung der einzelnen Fallstudien sowie eine fallstudienübergreifende Analyse, um Gemeinsamkeiten und Unterschiede aufzudecken. Dazu werden einzelne Aspekte zur Analyse und Interpretation von Fallstudien aus EISENHARDT (1989) entnommen und um die von KAISER (2014) und KUCKARTZ (2016) vorgeschlagenen Aspekte zur Auswertung von qualitativen Experteninterviews ergänzt.

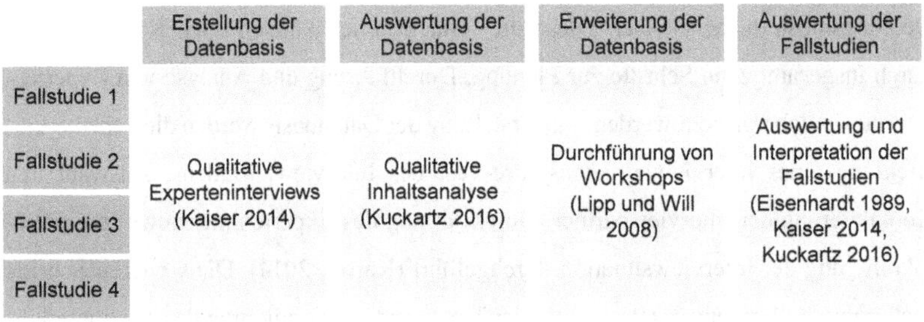

	Erstellung der Datenbasis	Auswertung der Datenbasis	Erweiterung der Datenbasis	Auswertung der Fallstudien
Fallstudie 1				
Fallstudie 2	Qualitative Experteninterviews (Kaiser 2014)	Qualitative Inhaltsanalyse (Kuckartz 2016)	Durchführung von Workshops (Lipp und Will 2008)	Auswertung und Interpretation der Fallstudien (Eisenhardt 1989, Kaiser 2014, Kuckartz 2016)
Fallstudie 3				
Fallstudie 4				

Abbildung 4-1: Methodisches Vorgehen zur Durchführung der Mehrfallstudie im integrierten Design. Quelle: Eigene Darstellung.

4.1.1   Erstellung der Datenbasis

Die Datenbasis wird anhand qualitativer Experteninterviews erstellt. KAISER (2014) unterscheidet dazu drei Arten. Zu diesen gehören die explorativen Experteninterviews, die Leitfaden-gestützten Experteninterviews sowie die Plausibilisierungsgespräche (vgl. hierzu und im Folgenden Kaiser, 2014). Explorative Experteninterviews zielen entweder auf eine Hypothesenbildung in einem bisher wenig erforschten Themengebiet ab, dienen der Vorbereitung einer systematischen Hauptuntersuchung oder ermöglichen die Identifikation von tatsächlich relevanten Experten. Leitfaden-gestützte Experteninterviews verfolgen mit der Abfrage des spezifischen Wissens eines Experten ein klares Ziel und dienen der Gewinnung von Daten, die sich aus anderen Quellen nur beschränkt ermitteln lassen. Plausibilisierungsgespräche finden in der Regel im Anschluss an eine empirische Datenerhebung statt und dienen der Ableitung von Handlungsempfehlungen oder zur Rücksprache bezüglich der Stimmigkeit und Präsentation der Ergebnisse.

Das Ziel des methodischen Vorgehens ist die Abfrage spezifischen Wissens zur Beantwortung der forschungsleitenden Fragestellungen. Daher werden für die Erstellung der Datenbasis qualitative, Leitfaden-gestützte Experteninterviews durchgeführt und bei Bedarf um Plausibilisierungsgespräche ergänzt. Zur Durchführung qualitativer, Leitfaden-gestützter Experteninterviews nennt KAISER (2014) drei Gütekriterien. Diese Gütekriterien werden als intersubjektive Nachvollziehbarkeit der Verfahren der Datenerhebung und Datenauswertung, theoriegeleitete Vorgehensweise sowie Neutralität und Offenheit des Forschers gegenüber neuen Erkenntnissen, anderen Relevanzsystemen und Deutungsmustern, bezeichnet. Diese drei Gütekriterien können nach KAISER (2014) durch insgesamt zehn Schritte zur Planung, Durchführung und Analyse von Experteninterviews sichergestellt werden. Zur Erstellung der Datenbasis werden die Schritte Entwicklung eines Interviewleitfadens, Pre-Test des Interviewleitfadens, Auswahl und Kontaktierung der Interviewpartner, Durchführung des Experteninterviews sowie Protokollierung der Interviewsituation durchgeführt (Kaiser, 2014). Die weiteren Schritte Sicherung der Ergebnisse (Protokoll oder Transkription), Kodierung des Textmaterials, Identifikation der Kernaussagen, Erweiterung der Datenbasis sowie theoriegeleitete Generalisierung und Interpretation, werden in den Abschnitten Auswertung der Datenbasis, Erweiterung der Datenbasis sowie Auswertung der Fallstudien thematisiert.

Zur Entwicklung des Interviewleitfadens werden die forschungsleitenden Fragestellungen zunächst in Analysedimensionen und Fragenkomplexe überführt. Auf Basis der Fragenkomplexe entstehen anschließend die Interviewfragen für das Leitfanden-gestützte Experteninterview (Abbildung 4-2). KAISER (2014) schlägt vor, die Fragen in eine für den Experten nachvollziehbaren Argumentationslogik anzuordnen und von allgemeinen zu speziellen Themen überzugehen.

Abbildung 4-2: Instrumentelle Operationalisierung der Forschungsfragen. Quelle: Eigene Darstellung in Anlehnung an KAISER (2014).

Aufgrund der zwei Betrachtungsweisen der Patentinformationen werden zwei Leitfäden entwickelt. Ein Leitfaden dient der Befragung der strategischen Manager als Auftraggeber, ein weiterer der Befragung der Patentmanager als Auftragnehmer der Patentrecherche und -analyse. Der Fokus der Leitfäden wird auf die Möglichkeiten zur Implementierung von Wissenserschließungspraktiken aus Patentinformationen sowie der Unterstützung der Entscheidungsfindung durch Patentinformationen gelegt. Die beiden Betrachtungsweisen sowie die unabhängig voneinander durchgeführten Interviews geben weiterhin Aufschluss über die Zusammenarbeit zwischen dem strategischen Manager und dem Patentmanager; sie erlauben darüber hinaus Rückschlüsse über den Zusammenhang der Patent Intelligence Elemente.

Die Analysedimensionen für strategische Manager als Auftraggeber der Patent Intelligence sind die persönliche Arbeitsgestaltung und der Verantwortungsbereich des Befragten, die Möglichkeiten zur Entscheidungsfindung innerhalb des Unternehmens sowie die Nutzung von Wissen aus Patentinformationen zur Unterstützung der Entscheidungsfindung (Tabelle 4-1). Die Fragenkomplexe beziehen sich demnach auf Fragen zur Person und zur Position des Befragten im Unternehmen sowie direkt auf die Entscheidungsfindung. Hinsichtlich der Entscheidungsfindung werden zunächst mögliche

Entscheidungen im Arbeitsalltag des Befragten sowie die notwendige Informationsbeschaffung thematisiert. Im Anschluss wird der Befragte speziell auf das Thema Patent
Intelligence angesprochen. Ziel ist die Erstellung eines Interviewleitfadens zur Erfassung diverser Entscheidungen im strategischen Management sowie die Erfassung von
Möglichkeiten zur Unterstützung der Entscheidungsfindung durch Patentinformationen
(Anhang A.1). Anhand des Fragebogens wird weiterhin der Ist-Zustand der Patent Intelligence sowie die Zusammenarbeit und Kommunikation zwischen dem Auftraggeber
und Auftragnehmer der Patent Intelligence erfasst.

Tabelle 4-1: Analysedimensionen und Fragenkomplexe zur Gestaltung des Interviewleitfadens für strategische Manager. Quelle: Eigene Darstellung.

Analysedimension	Fragenkomplexe
persönliche Arbeitsgestaltung und Verantwortungsbereich	▪ Angaben zum Befragten ▪ Angaben zum Unternehmen ▪ Herausforderungen der Branche
Möglichkeiten zur Entscheidungsfindung	▪ Entscheidungen, die der Befragte in dem Unternehmen treffen muss ▪ Informationsbeschaffung zur Unterstützung der Entscheidungsfindung
Nutzung von Patentinformationen zur Entscheidungsfindung	▪ Nutzung von Patentinformationen innerhalb des Unternehmens ▪ Nutzung von Patentinformationen zur Unterstützung der Entscheidungsfindung

Die Analysedimensionen für den Interviewleitfaden zur Befragung der Patentmanager
als Auftragnehmer der Patent Intelligence sind ähnlich aufgebaut wie im Leitfaden für
die strategischen Manger. Zunächst werden die persönliche Arbeitsgestaltung sowie der
Verantwortungsbereich des Befragten, die Aktivitäten des Unternehmens mit Bezug zu
Patenten sowie die Generierung von Wissen aus Patentinformationen abgefragt (Tabelle
4-2). Die Fragenkomplexe aus den ersten beiden Analysedimensionen beziehen sich auf
den Befragten sowie das Unternehmen und die Branche, in der das Unternehmen tätig
ist, die Tätigkeiten des Befragten innerhalb des Unternehmens sowie die Struktur im
Hinblick auf das Patentmanagement. Die Fragenkomplexe der dritten Analysedimen-
sion beziehen sich speziell auf die Patent Intelligence und auf Möglichkeiten des Unternehmens zur Nutzung von Patentinformationen. Ziel ist die Erstellung eines Interview-

leitfadens zur Erfassung des Ist-Zustands des Unternehmens hinsichtlich der Patent Intelligence Elemente sowie der jeweiligen Mittel zur Durchführung von Wissenserschließungspraktiken (Anhang A.2). Darüber hinaus wird über den Fragebogen eine zweite Sichtweise auf die Zusammenarbeit und Kommunikation zwischen dem Auftraggeber und Auftragnehmer der Patent Intelligence erfasst.

Tabelle 4-2: Analysedimensionen und Fragenkomplexe zur Gestaltung des Interviewleitfadens für Patentmanager. Quelle: Eigene Darstellung.

Analysedimension	Fragenkomplexe
persönliche Arbeitsgestaltung und Verantwortungsbereich	▪ Angaben zum Befragten ▪ Angaben zum Unternehmen ▪ Herausforderungen der Branche
Aktivitäten des Unternehmens mit Bezug zu Patenten	▪ Tätigkeiten des Befragten in dem Unternehmen ▪ Unternehmensstruktur im Hinblick auf das Patentmanagement
Generierung von Wissen aus Patentinformationen	▪ Nutzung von Patentinformationen innerhalb des Unternehmens ▪ Durchführung von Wissenserschließungspraktiken

Als Pre-Test empfiehlt KAISER (2014) im Vorfeld der Interviews den Interviewleitfaden insbesondere dann zu testen, wenn der Forscher sich in ein weniger bekanntes Themengebiet begibt. Da es sich um ein bekanntes Themengebiet handelt, wurden die Leitfäden jeweils mit Mitarbeitern des Instituts für Projektmanagement und Innovation (IPMI) der Universität Bremen diskutiert. Darüber hinaus wurden die Leitfäden im Anschluss an ein Interview überprüft und bei Bedarf angepasst, um bei bestimmten Fragen präziser werden zu können und den Redefluss der Interviewpartner zu fördern.

Zur Auswahl und Kontaktierung von Interviewpartnern werden verschiedene technologieorientierte Unternehmen ausgewählt, denen unterschiedliche Mittel für die Patent Intelligence zur Verfügung stehen. Als Auswahlkriterium dienen die Anzahl an Vollzeitäquivalenten, welche an Patentthemen arbeiten, die Anzahl an erzeugten Patentfamilien, und die Bereitschaft zur Teilnahme an der Expertenbefragung. Weiterhin sollen die Unternehmen in unterschiedlichen Geschäftsfeldern aktiv und technologieorientiert ausgerichtet sein sowie eine Affinität zu Patenten aufweisen. Dies trifft auf die vier ausgewählten Unternehmen zu (Tabelle 4-3). Das Spektrum reicht von mittelständischen Unternehmen mit einem Fokus auf spezifische Technologien bis hin zu multinational ausgerichteten, großen Unternehmen mit einem diversifizierten Produktportfolio sowie unterschiedlicher Branchenzugehörigkeit. Innerhalb der Unternehmen werden Personen identifiziert, welche für die Wissenserschließung aus Patentinformationen zuständig sind oder vom erzeugten Wissen profitieren. Zu berücksichtigen ist, dass in Unternehmen D nur ein Patentmanager befragt wurde. Die Fallstudie aus Unternehmen D gibt daher zwar genügend Auskunft zur Bewertung der Intelligence Elemente in Reifestufen, kann für die Betrachtung von Entscheidungen sowie der Kommunikation aus Sicht des strategischen Managers jedoch nur bedingt herangezogen werden. Die Angaben zum Umsatz, zur Anzahl der Mitarbeiter sowie zur Anzahl der Patentfamilien sind gerundete Werte und geben daher vor allem Anhaltspunkte, welche die Analyse im Hinblick auf Gemeinsamkeiten und Unterschiede zwischen den einzelnen Fallstudien unterstützt.

Tabelle 4-3: Übersicht über die vier technologieorientierten Unternehmen. Quelle: Eigene Darstellung.

Merkmal	Unternehmen A	Unternehmen B	Unternehmen C	Unternehmen D
Typ	Technologie-zulieferer	Maschinen und Anlagenbau	Technologie-dienstleistung	Investitions-güter
Hauptsitz	Deutschland	Deutschland	Deutschland	USA
Umsatz (Durchschnitt der letzten 5 Jahre)	3.000 Mio. €	100 Mio. €	4.500 Mio. €	1.500 Mio. €
Anzahl Mitarbeiter	15.000	1.000	25.000	5.000
Anzahl Patentfamilien	1.000	100	200	500
Vollzeitäquivalente für Patentthemen	15	1	6	3
Befragte Patentmanager	2	1	2	1
Befragte strategische Manager	2	1	2	-

Die Durchführung der Experteninterviews erfolgte jeweils als Einzelinterview mit einem Patentmanager oder einem strategischen Manager der Unternehmen (Tabelle 4-3). Die Interviews wurden nach Rücksprache mit den Interviewten mit Hilfe eines digitalen Diktiergeräts aufgezeichnet. Insgesamt wurden elf Personen befragt, darunter sechs Patentmanager und fünf strategische Manager. Die Gesamtlänge aller durchgeführten Interviews liegt bei 556 Minuten. Die Interviewdauer variiert zwischen 30 und 75 Minuten (Mittelwert: 51 Minuten, Standardabweichung: 13 Minuten).

Die Protokollierung der Interviewsituation dient der späteren Interpretation und dem Vergleich der gewonnenen Daten. Bei den durchgeführten Experteninterviews handelt es sich um Einzelinterviews, die jeweils in einem Seminarraum oder einer ähnlichen, gewohnten Umgebung im Anschluss an ein kurzes Vorgespräch durchgeführt wurden. Den Interviewten war bewusst, dass die Gespräche aufgezeichnet werden und dass die Ergebnisse eine Datengrundlage für diese Arbeit darstellen. In allen durchgeführten Interviews herrschte eine wohlwollende Atmosphäre und eine Gesprächssituation, die als offenes Fachgespräch zwischen Co-Experten bezeichnet werden kann (Kaiser, 2014). Besondere Vorkommnisse, die für die Interpretation einzelner Interviews zu berücksichtigen wären, kamen nicht vor.

4.1.2 Auswertung der Datenbasis

Die Auswertung der Datenbasis erfolgt in den von KAISER (2014) empfohlenen Schritten, die als Sicherung der Ergebnisse (Protokoll oder Transkription), Kodierung des Textmaterials sowie Identifikation der Kernaussagen bezeichnet werden. Zusätzlich zu den von KAISER (2014) empfohlenen Schritten wird zur Auswertung der Datenbasis der Ansatz der qualitativen Inhaltsanalyse nach KUCKARTZ (2016) herangezogen. [14]

Zur Sicherung der Ergebnisse erfolgt eine einfache (geglättete), wörtliche Transkription der aufgezeichneten Interviews. Die Audiodateien wurden im Anschluss an die Auswertung gelöscht und eine Geheimhaltung der transkribierten Interviews sichergestellt.

Die Kodierung des Textmaterials ist abhängig von dem Zweck der Auswertung. In dieser Arbeit wird der Ansatz der inhaltlich strukturierenden, qualitativen Inhaltsanalyse nach KUCKARTZ (2016) verwendet. KUCKARTZ (2016) stellt ein systematisches und regelgeleitetes Auswertungsverfahren vor, in dem die Analyse von transkribierten Interviews anhand von Kategorien erfolgt. [15] Abbildung 4-3 zeigt das Ablaufschema der inhaltlich strukturierenden, qualitativen Inhaltsanalyse.

---

[14] Dieser Ansatz wird nicht explizit von KAISER (2014) vorgeschlagen, ähnelt aber dem dort empfohlenen Ansatz nach GLÄSER UND LAUDEL (2010). Die Verwendung des Ansatzes nach KUCKARTZ (2016) ist auf die Zweckmäßigkeit des Ansatzes zur Beantwortung der forschungsleitenden Fragestellungen zurückzuführen. Zusätzlich wurde der Ansatz ausführlich erprobt und Mitarbeiter des IPMI standen mit Expertise beratend zur Seite.

[15] Die qualitative Inhaltsanalyse wird durch das Softwareprodukt MAXQDA unterstützt (für weitere Informationen siehe: www.maxqda.de, abgerufen am 08.11.2017).

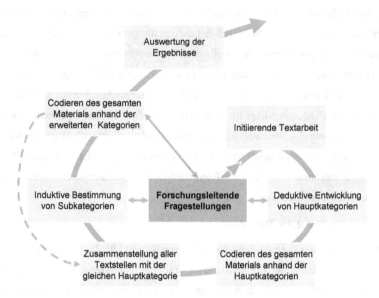

Abbildung 4-3: Ablaufschema zur inhaltlich strukturierenden, qualitativen Inhaltsanalyse. Quelle: Eigene Darstellung in Anlehnung an KUCKARTZ (2016).

Auf Basis der forschungsleitenden Fragestellungen werden im ersten Schritt der inhaltlich strukturierenden, qualitativen Inhaltsanalyse die transkribierten Interviews gelesen, zentrale Begriffe markiert und wichtige Abschnitte gekennzeichnet. Im Anschluss an die Auseinandersetzung mit dem Datenmaterial erfolgt im zweiten Schritt eine deduktive Entwicklung von thematischen Hauptkategorien, die zusätzlich auch aus der Literatur abgeleitet werden können. Für diese Arbeit orientieren sich die deduktiv bestimmten Hauptkategorien an den Propositionen sowie den Patent Intelligence Elementen des 7D Reifegradmodells (Tabelle 4-4). Im dritten Schritt erfolgt die Kodierung des Ausgangsmaterials anhand der deduktiv aufgestellten Hauptkategorien. Dazu wird das gesamte, zur Verfügung stehende Material sequentiell gesichtet und relevante Abschnitte den Hauptkategorien zugeordnet. Im vierten und fünften Schritt erfolgen die Analysen des kodierten Materials sowie eine zusätzliche, induktive Bestimmung weiterer Haupt- und Subkategorien anhand des Materials. Für diese Arbeit wurden induktive Haupt- und

Subkategorien zum Aufbau des Patentmanagements, zur organisatorischen Veranke-
rung der Patent Intelligence sowie zum Systemzusammenhang der Patent Intelligence
Elemente aufgestellt (Tabelle 4-5).

Tabelle 4-4: Deduktiv entwickelte Hauptkategorien zur Auswertung der Interviewdaten. Quelle: Eigene
Darstellung.

Deduktive Hauptkategorien
P 1: Verbesserung der Ressourceneigenschaften der eigenen Patente
P 2: Unterscheidung unternehmensspezifischer Ressourcen vom Wettbewerb
P 3: Verringerung der erhofften Vorteile des Wettbewerbs
P 4: Generierung von Wissen über sich schnell ändernde Märkte und Technologien
P 5: Betrachtung unternehmensfremder Patente als externe Ressourcen
P 6: Kombination und Rekonfiguration interner und externer Ressourcen
P 7: Überarbeitung des eigenen Patentportfolios
Informationsnutzung
Akquisition
Geschäftsfeldanalyse
Stand-der-Technik-Analyse
Wertermittlung
Sonstiges

Tabelle 4-5: Induktiv entwickelte Haupt- und Subkategorien zur Auswertung der Interviewdaten.
Quelle: Eigene Darstellung.

Induktive Haupt- und Subkategorien
Aufbau des Patentmanagements
Organisatorische Verankerung der Patent Intelligence
Systemzusammenhang
• Komponente der Vorbereitung
• Komponente der Recherche
• Komponente der Analyse
• Komponente der Visualisierung
• Komponente der Entscheidung
• Komponente der Dokumentation

Anschließend erfolgt im sechsten Schritt ein erneutes Kodieren des Ausgangsmaterials unter Berücksichtigung der induktiv entwickelten Haupt- und Subkategorien. Im abschließenden, siebten Schritt werden die Ergebnisse auf Basis aller Kategorien ausgewertet.

Die Identifikation von Kernaussagen als weiterer Schritt zur Auswertung der Datenbasis kann anhand der zuvor festgelegten Kategorien und Subkategorien erfolgen (siebter Schritt bei KUCKARTZ, 2016). Hierfür werden die Aussagen zu den entsprechenden Kategorien zusammengefasst und analysiert. Zudem erfolgt eine Experteninterview-übergreifende Analyse der Aussagen innerhalb der Unternehmen, um redundante Aussagen zu identifizieren und Unstimmigkeiten aufzudecken. Auf diese Weise können Kernaussagen zu einzelnen Unternehmen abgeleitet werden. Die Kernaussagen für die einzelnen Unternehmen entsprechen der Einschätzung zu den jeweiligen Ist- und Soll-Zuständen der Patent Intelligence Elemente des 7D Reifegradmodells. Zur Identifikation des Zusammenhangs der Patent Intelligence Elemente sowie zur Untersuchung der Kommunikation zwischen dem Auftraggeber und dem Auftragnehmer der Patent Intelligence wird eine fallstudienübergreifende Analyse durchgeführt.

4.1.3   Erweiterung der Datenbasis

Eine Erweiterung der Datenbasis erfolgt anhand von Workshops innerhalb der einzelnen Unternehmen sowie Plausibilisierungsgesprächen, die bei Bedarf mit den jeweiligen Experten durchgeführt werden. Durch die Erweiterung können die Kernaussagen überprüft, fallweise angepasst und um weitere Aussagen ergänzt werden (Kaiser, 2014). Als Workshop wird im Allgemeinen eine Veranstaltung bezeichnet, bei der eine Gruppe von Personen in aktiver Zusammenarbeit an einer speziellen Aufgabe arbeitet (vgl. hierzu und im Folgenden Lipp und Will, 2008). Die Teilnehmer eines Workshops liefern innerhalb eines vorgegebenen Zeitraums Ergebnisse und werden von einem Moderator oder Leiter unterstützt. Durch die Fokussierung auf eine spezielle Aufgabe innerhalb eines vorgegebenen Zeitraums sowie außerhalb des alltäglichen Arbeitslebens können eine große Leistungsbereitschaft der Teilnehmer erreicht und Synergieeffekte aufgrund von Diskussionen verschiedener Teilnehmer geschaffen werden. Plausibilisierungsgespräche können im Anschluss an die Workshops und Experteninterviews durchgeführt werden. Sie dienen der Rücksprache im Hinblick auf die Stimmigkeit der Ergebnisse sowie deren Dokumentation und Präsentation (Kaiser, 2014).

Im Anschluss an die Experteninterviews werden für diese Arbeit Workshops innerhalb der Unternehmen durchgeführt. Ziel ist die Verifizierung des Ist-Zustands sowie die Definition des Soll-Zustands des Unternehmens bezüglich der Patent Intelligence Elemente und die Sammlung von Ideen für die mögliche Entwicklung des Unternehmens hinsichtlich einzelner Elemente. Auf diese Weise werden die Daten aus den Experteninterviews um Daten speziell zu den Patent Intelligence Elementen erweitert. Plausibilisierungsgespräche werden bei Bedarf mit einzelnen Experten durchgeführt, um die Stimmigkeit der Ergebnisse sowie deren Dokumentation abschließend bestätigen zu lassen.

4.1.4 Auswertung der Fallstudien

Die Auswertung der Fallstudien erfolgt anhand einer theoriegeleiteten Generalisierung (Kaiser, 2014) sowie einer fallstudienübergreifenden Analyse (Eisenhardt, 1989). Die theoriegeleitete Generalisierung sowie die Analyse der Fallstudien werden durch die Kategorie-basierte Auswertung unterstützt (Kuckartz, 2016).

In der theoriegeleiteten Generalisierung werden die Erkenntnisse aus den Experteninterviews und Fallstudien auf die bestehende Theorie bezogen (vgl. hierzu und im Folgenden Kaiser, 2014). Dazu werden bei erneuter Betrachtung der forschungsleitenden Fragestellungen sowie der Analysedimensionen und Fragenkomplexe der Interviewleitfäden, die Aussagen der Experten und die dadurch gewonnenen Erkenntnisse auf den theoretischen Kontext zurückgeführt. Ziel ist die genaue Beschreibung der Rahmenbedingungen sowie die Identifikation von Kausalzusammenhängen unter Verwendung des in der betrachteten Theorie verwendeten Vokabulars. In dieser Arbeit bilden die Definition der Patent Intelligence, deren Bedeutung für das strategische Management sowie das 7D Reifegradmodell für das Patentmanagement die theoretischen Grundlagen. Die entsprechenden Analysedimensionen der strategischen Manager und der Patentmanager sowie die dazugehörigen Fragenkomplexe und das zugrundeliegende Kodierungsschema unterstützen bei der Rückführung der spezifischen Aussagen der Experten zur theoretischen Grundlage und des dort verwendeten Vokabulars.

Zur Auswertung von Fallstudien sowie zur Durchführung einer fallstudienübergreifen-den Analyse beschreibt EISENHARDT (1989) verschiedene Vorgehensweisen, die in die-ser Arbeit angewendet werden. Zu diesen Vorgehensweisen gehören die *Within-Case Analysis*, die *Cross-Case Pattern Analysis* und die *Overall-Impression Analysis*. Die *Within-Case Analysis* zeichnet aus, dass sich die Auswertung der Daten auf eine ein-zelne Fallstudie beschränkt. Dies wird in der Regel durch die reine Beschreibung der Fallstudie durchgeführt, was wiederum zu einem sehr hohen Verständnis führt. Für diese Arbeit werden die Fallstudien zunächst einzeln betrachtet, um die Analyse der Patent Intelligence Elemente des 7D Reifegradmodells hinsichtlich der einzelnen Unternehmen durchzuführen. Die Einzelbetrachtung der Fallstudien unterstützt eine anschließende, fallstudienübergreifende Analyse (*Cross-Case Pattern Analysis*). Bei der *Cross-Case Pattern Analysis* werden fallstudienübergreifende Muster und Abhängigkeiten unter-sucht, die auf Basis des Vergleichs von Fallstudien oder Fallstudienpaaren abgeleitet werden können. Auf Basis der fallstudienübergreifenden Analyse werden in dieser Ar-beit Ähnlichkeiten und Unterschiede der Unternehmen im Hinblick auf die Patent Intel-ligence Elemente abgeleitet sowie Gründe für die Unterschiede herausgearbeitet. Die beiden Vorgehensweisen *Within-Case Analysis* und *Cross-Case Pattern Analysis* führen zur *Overall-Impression Analysis*. Mit dieser Vorgehensweise wird ein umfangreiches Verständnis geschaffen, welches über die Interpretation der einzelnen Fallstudien hin-ausgeht.

Abschließend ist festzuhalten, dass die Fallstudien genutzt werden, um die Patent Intel-ligence Elemente des 7D Reifegradmodells in der unternehmerischen Praxis zu unter-suchen. Zusätzlich dienen die Fallstudien zur Überprüfung der Anwendbarkeit der Pa-tent Intelligence Elemente des 7D Reifegradmodells in Unternehmen, denen unter-schiedliche Mittel für die Patent Intelligence zur Verfügung stehen. Auf diese Weise kann ein theoriegeleitetes und praxisrelevantes Bild der Patent Intelligence Elemente sowie der zugehörigen Reifestufen erzeugt werden. Ferner dienen die Fallstudien der Analyse und Abbildung des iterativen Ablaufs der Patent Intelligence. Auf diese Weise lässt sich feststellen, welche Rolle die Patent Intelligence Elemente in den operativen Abläufen der Patent Intelligence in der unternehmerischen Praxis einnehmen.

4.2 Maßnahmen zur Sicherstellung der Qualität der Forschung

Qualitative Forschung und die daraus abgeleiteten Erkenntnisse basieren (womöglich) auch immer auf der Subjektivität der durchführenden Forscher (Saunders et al., 2009; Khan, 2016). Um die Qualität bei dieser Art von Forschung sicherzustellen und die Forschungsergebnisse nachvollziehbar zu gestalten, können daher verschiedene Maßnahmen getroffen und Gütekriterien herangezogen werden. So werden die Erkenntnisse aus Mehrfallstudien bei korrekter Durchführung zum Beispiel als überzeugender betrachtet, als die Erkenntnisse aus einer einzelnen Fallstudie. Eine auf Mehrfallstudien aufbauende Gesamtstudie[16] kann demnach als robust angesehen werden (Herriott und Firestone, 1983; Yin, 2014). Für eine korrekte Durchführung und Auswertung der Fallstudien können die Gütekriterien Konstruktvalidität, Reliabilität sowie interne und externe Validität herangezogen werden (vgl. hierzu und im Folgenden Baxter und Jack, 2008; Yin, 2014; Khan, 2016). Diese Gütekriterien werden im Folgenden näher betrachtet.

4.2.1 Konstruktvalidität

Eine qualitative Forschung weist im Sinne der Konstruktvalidität eine hohe Qualität auf, wenn die Ergebnisse bestätigbar und nachvollziehbar sind. Als Maßnahmen zur Sicherstellung der Konstruktvalidität können die Auswahl sinnvoller Fallstudien, die Nutzung verschiedener Informationsquellen, die Aufstellung einer Beweiskette sowie die Rücksprache mit Beteiligten über Plausibilisierungsgespräche genannt werden.

Für diese Arbeit wurden strategische Manager und Patentmanager ausgewählt, die im Anschluss an ein Vorgespräch als Experten identifiziert wurden, da sie über das notwendige Expertenwissen auf ihrem jeweiligen Gebiet verfügen. Darüber hinaus wurden Unternehmen betrachtet, die eine unterschiedliche Größe, Produktvielfalt und Mittel für das Patentmanagement aufweisen. Innerhalb eines Unternehmens werden (mit Ausnahme des Unternehmens D) die beiden verschiedenen Betrachtungsweisen (Strategische Manager und Patentmanager) berücksichtigt und die Experten einzeln befragt. Auf diese Weise erschließt sich eine ganzheitliche, unternehmensspezifische Sichtweise, welche die Subjektivität des Forschers eingrenzt und verschiedene Informationsquellen

---

[16] EISENHARDT (1989) empfiehlt in diesem Zusammenhang vier bis zehn Fallstudien durchzuführen.

berücksichtigt. Zusätzlich wurden die Ergebnisse über einen ständigen Wissens- und Erfahrungsaustausch mit Wissenschaftlern der eigenen und auch von fremden Fachrichtungen sowie mit Unternehmern unter Berücksichtigung der Anonymität der Fallstudienteilnehmer diskutiert. Des Weiteren wurde die Arbeit in Zusammenhang mit bestehenden, etablierten Theorien für das strategische Management gebracht. Durch die ausführliche Darstellung des methodischen Vorgehens können daneben die Ergebnisse rekonstruiert und die darauf aufbauende Beweiskette nachvollzogen werden.

4.2.2 Reliabilität

Eine qualitative Forschung weist im Sinne der Reliabilität eine hohe Qualität auf, wenn die Ergebnisse zuverlässig sind und andere Forscher über das gleiche, methodische Vorgehen die gleichen Ergebnisse erzielen. Als Maßnahmen zur Sicherstellung der Reliabilität kann ein Fallstudienprotokoll sowie eine Fallstudiendatenbank aufgebaut werden, um möglichst viele Schritte der Durchführung und Auswertung der Fallstudien zu operationalisieren.

Für diese Arbeit wurden verschiedene Maßnahmen der Operationalisierung getroffen. Anhand der forschungsleitenden Fragestellungen können andere Forscher die Ausrichtung und Fokussierung dieser Arbeit nachvollziehen. Darüber hinaus erfolgte eine ausführliche Beschreibung des methodischen Vorgehens, sodass sowohl die Aufstellung des Interviewleitfadens als auch die deduktive Kategorienbildung reproduzierbar sind. Zusätzlich erfolgte eine ausführliche Protokollierung und Plausibilisierung der gewonnenen Erkenntnisse aus den Fallstudien, zum einen über die einfache (geglättete), wörtliche Transkription sowie die softwaregestützte Auswertung der aufgezeichneten Interviews und zum anderen über die Triangulation durch Sekundärquellen (beispielsweise durch die Betrachtung der Internetauftritte oder des Patentportfolios der Unternehmen), die Durchführung von Workshops sowie die fallstudienübergreifenden Analysen.

4.2.3 Interne und externe Validität

Eine qualitative Forschung weist im Sinne der internen Validität eine hohe Qualität auf, wenn die Ergebnisse eine hohe Glaubwürdigkeit aufweisen und in sich schlüssig sind. Dieses Gütekriterium ist vor allem bei der Erklärung von Zusammenhängen relevant, da die vom Forscher dargestellten Zusammenhänge häufig erst auf Basis der Fallstudie neu entdeckt werden. Insbesondere bei fallstudienübergreifenden Zusammenhängen ist auf eine interne Validität der Daten zu achten. Als Maßnahmen zur Sicherstellung der internen Validität kann ein Vergleich von ähnlichen sowie konkurrierenden Mustern vorgenommen werden. Darüber hinaus können die Fallstudien ebenfalls auf Basis bestehender Ansätze ausgewertet werden, um auf diese Weise die Beschreibung der Zusammenhänge nachvollziehbar zu gestalten.

Eine qualitative Forschung weist im Sinne der externen Validität eine hohe Qualität auf, wenn die Ergebnisse auf weitere Fallbeispiele übertragbar sind. Als Maßnahmen zur Sicherstellung der externen Validität kann bereits bei der Aufstellung des Forschungsdesigns auf die Übertragbarkeit der Ergebnisse auf weitere Fallbeispiele Rücksicht genommen werden.

Die für diese Arbeit relevanten, bestehenden Ansätze zur Auswertung von Fallstudien wurden bereits in Kapitel 4.1.4 beschrieben. Mit Hilfe der Ansätze wird aufgezeigt, welche Zusammenhänge innerhalb der einzelnen Fallstudien bestehen. Zusätzlich erfolgte in dieser Arbeit eine Überlappung zwischen der Erstellung und der Auswertung der Daten. [17] Zum einen erfolgte die Auswertung der Interviewdaten und eine (geringe) Anpassung der Interviewleitfäden zwischen den Experteninterviews verschiedener Unternehmen. Zum anderen erfolgte die Erweiterung der Datenbasis durch Workshops und Plausibilisierungsgespräche im Anschluss an die Auswertung der Experteninterviews. Weiterhin wurden Maßnahmen zur Übertragbarkeit bereits im Forschungsdesign berücksichtigt. Durch die Bereitstellung und Operationalisierung des methodischen Vorgehens können Fallstudien durchgeführt werden, die einen ähnlichen Aufbau wie die vorliegenden Fallstudien aufweisen. Zusätzlich kann eine Ableitung weiterer Fallstudien anhand der forschungsleitenden Fragestellungen sowie der definierten Zielgruppe der Arbeit vorgenommen werden. Eine Aufstellung von konkreten Handlungsempfehlungen für weitere Forschung führt abschließend zu einer zusätzlichen Übertragbarkeit der Ergebnisse auf weitere Fallstudien.

---

[17] Für die Auswertung von Fallstudien wird von EISENHARDT (1989) zu einer Überlappung der Erstellung und der Auswertung der Datenbasis geraten. Auf diese Weise können bei Bedarf Änderungen an der Art und Weise zur Erstellung der Datenbasis vorgenommen werden (beispielsweise durch eine Präzisierung des Interviewleitfadens).

5 Fallstudien zu den Patent Intelligence Elementen

Patent Intelligence Elemente bilden Fähigkeiten ab, die Unternehmen bei der Überführung von Patentdaten in unternehmensrelevantes Wissen sowie der Anwendung des Wissens unterstützen. Diese Elemente werden im 7D Reifegradmodell für das Patentmanagement in der Dimension Intelligence abgebildet und in bis zu fünf Reifestufen beschrieben. Die Patent Intelligence Elemente sowie die Beschreibung der Reifestufen unterstützen Unternehmen bei der Analyse der Patent Intelligence, indem die Ist- und Soll-Zustände einzelner Elemente erfasst und definiert werden. Auf diese Weise können Unternehmen Stärken und Schwächen im Hinblick auf die Patent Intelligence erkennen und bei Bedarf gezielt Entwicklungsmaßnahmen ableiten.

Zur Darstellung von Möglichkeiten zum Einsatz des 7D Reifegradmodells in der Dimension Intelligence werden auf Basis des methodischen Vorgehens vier qualitative Fallstudien durchgeführt. Dazu werden in diesem Kapitel die dritte und vierte forschungsleitende Fragestellung adressiert:

F3: Wie sind Patent Intelligence Fähigkeiten in Unternehmen implementiert, denen unterschiedliche Mittel zur Erschließung von Wissen aus Patentinformationen zur Verfügung stehen?

F4: Wie können Patent Intelligence Fähigkeiten bei Bedarf systematisch weiterentwickelt werden?

Zur Beantwortung der forschungsleitenden Fragestellungen werden vier Unternehmen ausgewählt, denen unterschiedliche Mittel für die Patent Intelligence zur Verfügung stehen. In den Unternehmen werden Leitfaden-gestützte Experteninterviews mit Auftraggebern und -nehmern der Patent Intelligence durchgeführt, anhand derer der Ist-Zustand der Patent Intelligence Elemente abgeleitet wird. Im Anschluss an die Experteninterviews werden die Ergebnisse ausgewertet und in Workshops mit den Unternehmen verifiziert. Zudem werden in den Workshops die Soll-Zustände für die Patent Intelligence Elemente definiert sowie entsprechende Maßnahmen zur gezielten Weiterentwicklung abgeleitet. Neben den Maßnahmen werden in den Workshops weitere Möglichkeiten

© Springer Fachmedien Wiesbaden GmbH, ein Teil von Springer Nature 2019
M. Wustmans, *Patent Intelligence zur unternehmensrelevanten Wissenserschließung*,
Forschungs-/ Entwicklungs-/ Innovations-Management,
https://doi.org/10.1007/978-3-658-24066-0_5

abgeleitet, die zu einer Erhöhung der Reifestufe führen können, aber für die Unternehmen eine geringe Priorität aufweisen. Eine Fallstudie besteht folglich aus Experteninterviews und Workshops innerhalb eines ausgewählten Unternehmens.

Die Ergebnisse der Fallstudien werden in diesem Kapitel aufbauend auf den Ergebnissen von WUSTMANS UND MÖHRLE (2017) dargestellt. Zunächst erfolgt dazu eine Vorstellung der einzelnen Fallstudien, woran eine fallstudienübergreifende Analyse anschließt, um Gemeinsamkeiten und Unterschiede zu identifizieren. Es erfolgt außerdem eine kritische Würdigung der einzelnen Reifestufen der Patent Intelligence Elemente, um die Anwendbarkeit in der unternehmerischen Praxis zu reflektieren. Die Fallstudien zeigen, dass die Anwendung des 7D Reifegradmodells in der Dimension Intelligence hilfreich ist, um Stärken und Schwächen der Unternehmen aufzudecken und Entwicklungsmaßnahmen abzuleiten. In der fallstudienübergreifenden Analyse wird deutlich, dass trotz unterschiedlichen Einsatzes interner und externer Mittel ähnliche Reifestufen im Hinblick auf einzelne Elemente erreicht werden. Die Fallstudien zeigen außerdem, dass das 7D Reifegradmodell in der Dimension Intelligence auch von Unternehmen angewendet werden kann, denen unterschiedliche Mittel für die Patent Intelligence zur Verfügung stehen. Dazu stellt sich heraus, dass in einzelnen Patent Intelligence Elementen zusätzliche Ausprägungen zu einer besseren Analyse der Patent Intelligence in der unternehmerischen Praxis führen können.

5.1 Unternehmen A – Technologiezulieferer

Unternehmen A ist ein international ausgerichteter Technologiezulieferer mit Hauptsitz in Deutschland. Unternehmen A besteht aus fünf Geschäftseinheiten in unterschiedlichen Industrien, in denen Produkte unterschiedlicher Art und technologischer Herkunft hergestellt werden. Die Geschäftseinheiten des Unternehmens sind weiterhin in unterschiedlichen Geschäftsfeldern aktiv, in denen jeweils ein starker Wettbewerb herrscht. Unternehmen A beschäftigt 15.000 Mitarbeiter weltweit, die einen Jahresumsatz von etwa 3.000 Mio. € (Durchschnitt der letzten 5 Jahre) erzielen. Unternehmen A hat im Laufe seiner bisherigen Tätigkeit etwa 1.000 Patentfamilien erzeugt, wobei Patente je nach wirtschaftlicher bzw. technologischer Relevanz in strategisch ausgewählten Ländern angemeldet werden.

Insgesamt beschäftigt das Unternehmens 15 Vollzeitäquivalente für Patentthemen (Abbildung 5-1). Zu diesen zählen die strategischen Patentmanager, die jeweils in einer Geschäftseinheit das Patentmanagement verantworten. Diese werden von einer zentralen Patentabteilung, bestehend aus internen Patentanwälten, unterstützt und beraten. Aufgabe der zentralen Patentabteilung ist, neben der Verwaltung und dem Controlling der eigenen Patente, die Unterstützung bei Patentanmeldungen und weiteren rechtlichen, patentbezogenen Fragestellungen. Der strategische Patentmanager wird in den Geschäftseinheiten von einem strategischen und operativen Patentkomitee unterstützt. Das strategische Patentkomitee besteht aus dem Technologievorstand, internen Technologieexperten, Mitarbeitern aus der Entwicklung und bei Bedarf weiteren, flexiblen Mitgliedern. Es ist für die strategische Ausrichtung des Patentierverhaltens, die Zusammenstellung des Patentportfolios und die mögliche Verwertung eigener Patente zuständig. Operative Patentkomitees werden in den Geschäftseinheiten für unterschiedliche Produkte gebildet. Sie bestehen aus einem internen Patentanwalt, dem Patentbetreuer für das jeweilige Produkt, internen Technologieexperten und Mitarbeitern aus der Entwicklung. Bei Bedarf wird auch der Technologievorstand hinzugezogen. Zu den Aufgaben des operativen Patentkomitees gehören die Bewertung von Erfindungsmeldungen, die Erarbeitung von Handlungsempfehlungen bei eingehenden Patentrechtsverletzungen und der Umgang mit einer möglichen Einschränkung der Handlungsfreiheit.

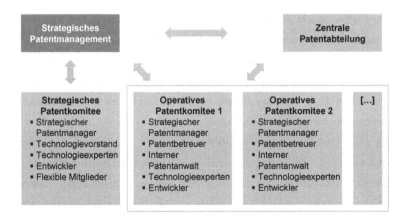

Abbildung 5-1: Aufbau des Patentmanagements je Geschäftseinheit von Unternehmen A. Quelle: Eigene Darstellung.

Die Datenbasis für Unternehmen A besteht aus insgesamt vier Interviews (zwei Patentmanager und zwei strategische Manager), die anhand von zwei Workshops mit jeweils
einem Patentmanager erweitert wird. Nachfolgend werden anhand der Datenbasis für
Unternehmen A die Ist- und Soll-Zustände der Patent Intelligence Elemente beschrieben. Darüber hinaus werden Maßnahmen aufgezeigt, anhand derer Unternehmen A den
Soll-Zustand erreichen möchte. Neben den Maßnahmen werden weitere Möglichkeiten
aufgezeigt, die zu einer Erhöhung der Reifestufe im jeweiligen Element führen können.

5.1.1 Informationsnutzung

Patentinformationen werden in Unternehmen A auf unterschiedliche Weise beschafft.
So ist für die Durchführung der Recherche innerhalb einer Geschäftseinheit in erster
Linie der strategische Patentmanager verantwortlich, der die Informationen in der Regel
aus einer Datenbank über ein kommerzielles Softwareprodukt recherchiert. Mit Hilfe
des Softwareprodukts können die recherchierten Ergebnisse zielgerichtet an Personen
weitergeleitet werden, die entweder die Recherche beauftragt haben oder von den Rechercheergebnissen profitieren. Innerhalb des Softwareprodukts sind Suchstrings implementiert, mit denen automatisch Patentaktivitäten von Wettbewerbern oder innerhalb
relevanter Technologien beobachtet werden. Einige strategische Patentmanager nutzen
ein zusätzliches, freiverfügbares Softwareprodukt, welches auf die Beantwortung strategischer Fragestellungen ausgerichtet ist. Dieses Softwareprodukt wurde bereits in einem ersten Pilotprojekt getestet und angewendet. Neben den strategischen Patentmanagern stellen auch die internen Patentanwälte Informationen über Patentrecherchen bereit. Diese nutzen dazu sowohl öffentlich zugängliche Datenbanken als auch ein zweites
kommerzielles Softwareprodukt, um insbesondere rechtlich relevante Recherchen
durchzuführen. Auch hier sind entsprechende Suchstrings in dem Softwareprodukt implementiert, die automatisch Suchanfragen generieren, welche vor allem der Überwachung der eigenen Handlungsfreiheit dienen. Die über die Suchstrings identifizierten
Patente werden von den internen Patentanwälten bewertet und bei Bedarf an die entsprechenden Geschäftseinheiten zur Überprüfung weitergeleitet. Ein drittes kommerzielles Softwareprodukt dient der Bereitstellung von Patentschriften in Volltextformat, zu
dem jeder Mitarbeiter im Unternehmen einen Zugang beantragen kann. Aufgrund der
vorangegangenen Beschreibung wird der Ist-Zustand in Unternehmen A für das Element

Informationsnutzung insgesamt mit Reifestufe 3 bewertet, wobei in Zukunft Reifestufe 4 angestrebt wird (Abbildung 5-2).

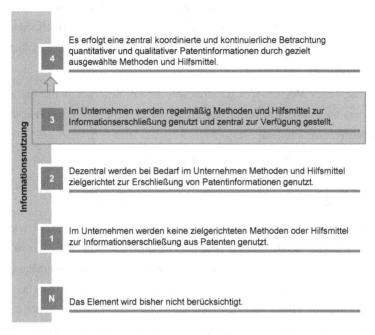

Abbildung 5-2: Ist- und Soll-Zustand des Elements Informationsnutzung für Unternehmen A. Quelle: Eigene Darstellung in Anlehnung an MÖHRLE et al. (2018).

Zur Erreichung der Reifestufe 4 im Element Informationsnutzung werden die strategischen Themen des Patentmanagements in Zukunft verstärkt in den Geschäftseinheiten behandelt. Zusätzlich werden Hilfsmittel und Softwareprodukte implementiert, die einer regelmäßigen Analyse der recherchierten Patentinformationen dienen und darüber hinaus nachvollziehbare, reproduzierbare Ergebnisse liefern. Dazu wird der Wunsch des Unternehmens verfolgt, die Entwicklung von Technologien über der Zeit abbilden zu können und Technologiebereiche zu identifizieren, in denen Potenziale für Erfindungen und Patentanmeldungen bestehen. Zur Erreichung der Soll-Reifestufe dient folgende Maßnahme:

- Identifikation und Test marktreifer Softwareprodukte

Die Identifikation und der Test marktreifer Softwareprodukte zur Analyse von Patentinformationen sind für das Unternehmen von hoher Priorität. Dabei ist entscheidend, dass die Softwareprodukte zunächst umfangreich getestet werden können, bevor sie in das Unternehmen integriert werden. Zusätzlich ist es notwendig, dass die Handhabung der Softwareprodukte einfach gestaltet ist, wodurch der Fokus lediglich auf marktreife Softwareprodukte gerichtet wird.

Folgende weitere Möglichkeiten zur Erreichung der Soll-Reifestufe im Element Informationsnutzung sind im Workshop identifiziert worden, die eine geringere Priorität für das Unternehmen aufweisen:

- Eigenständige Entwicklung von Softwareprodukten
- Regelmäßige Teilnahme an Konferenzen
- Teilnahme an Schulungen zur Nutzung von Patentinformationen

Die eigenständige Entwicklung von Softwareprodukten ermöglicht es dem Unternehmen, Einfluss auf die Handhabung und Spezifikationen des Softwareprodukts zu nehmen. Auch die regelmäßige Teilnahme an Konferenzen ermöglicht eine Erhöhung der Reifestufe, da auf Fachkonferenzen entsprechende Softwareprodukte, Tools und Methoden vorgestellt werden. Eine zusätzliche Möglichkeit zur Erreichung der Soll-Reifestufe stellt die Teilnahme an Schulungen zur Nutzung von Patentinformationen dar. Schulungen zielen beispielsweise auf die Verbesserung der Recherche innerhalb verschiedener Datenbanken ab oder behandeln die Analyse von Patentinformationen.

5.1.2   Akquisition

In Unternehmen A ist eine spezifische Abteilung für die Beobachtung und Bewertung von Start-Ups zuständig, die in das Unternehmen integriert werden können. Bei Bedarf werden von dieser Abteilung die strategischen Patentmanager mit der Analyse der Patente eines Start-Ups beauftragt. Dazu werden die Patente des Start-Ups sowie die Patente der mit dem Start-Up in Verbindung stehenden Personen im Hinblick auf die erfinderischen Tätigkeiten und technischen Fertigkeiten analysiert. Patentinformationen werden demnach nicht zur Suche, sondern ausschließlich zur Analyse der bereits identifizierten Start-Ups eingesetzt. Der Ist-Zustand wird folglich mit Reifestufe 2/3 bewertet, welcher auch in Zukunft gehalten werden soll (Abbildung 5-3).

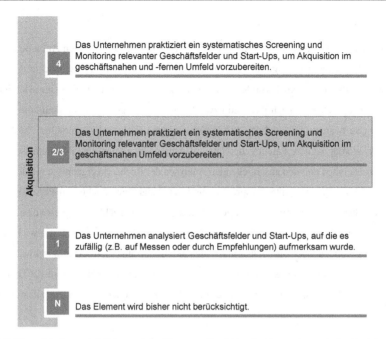

Abbildung 5-3: Ist- und Soll-Zustand des Elements Akquisition für Unternehmen A. Quelle: Eigene Darstellung in Anlehnung an MÖHRLE et al. (2018).

Unternehmen A plant in Zukunft Reifestufe 2/3 des Elements Akquisition zu halten und entwickelt demnach keine Maßnahmen zur Erhöhung der Reifestufe. Dennoch können aus Sicht des Unternehmens folgende Möglichkeiten zur Erhöhung der Reifestufe führen:

- Beobachtung zukunftsrelevanter Technologien und deren Anbietern
- Nutzung von Patentinformationen zur Suche nach Zulieferern und Kunden

Patentinformationen können zur gezielten Beobachtung zukunftsrelevanter Technologien und deren Anbietern verwendet werden, um frühzeitig Akquisitionen vorzubereiten. Darüber hinaus besteht die Möglichkeit, Patentinformationen in spezifischen Technologiefeldern zur Suche nach potenziellen Zuliefern und Kunden zu nutzen.

5.1.3 Geschäftsfeldanalyse

Die Geschäftsfeldanalyse wird in Unternehmen A als eine der zentralen Aufgaben der strategischen Patentmanager angesehen. Dabei spielt vor allem die Beobachtung von Wettbewerbern, aber auch von Kunden und ausgewählten Technologien eine wichtige Rolle. Die Recherche nach Patenten bzw. Patentanmeldungen wird von dem kommerziellen Softwareprodukt und den dort implementierten Suchstrings unterstützt. Darüber hinaus werden weitere Patentrecherchen auf Anfrage bearbeitet. Die Erkenntnisse aus den Recherchen und den anschließenden Analysen der Rechercheergebnisse werden im strategischen Patentkomitee besprochen und bei Bedarf zielgerichtet an Personen im Unternehmen verteilt. Zu den bereitgestellten Informationen zählen beispielsweise Auffälligkeiten im Patentierverhalten der Wettbewerber, neue technologische Entwicklungen des Kunden oder die weltweiten Patentaktivitäten innerhalb eines ausgewählten Technologiefeldes. Der Ist-Zustand im Element Geschäftsfeldanalyse wird für Unternehmen A dementsprechend mit Reifestufe 3 bewertet, wobei in Zukunft Reifestufe 4 angestrebt wird (Abbildung 5-4).

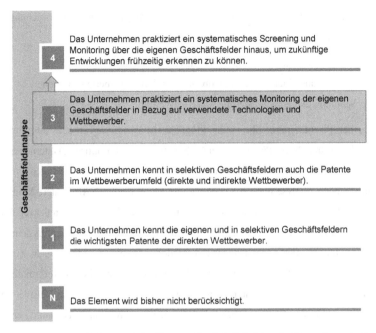

Abbildung 5-4: Ist- und Soll-Zustand des Elements Geschäftsfeldanalyse für Unternehmen A. Quelle: Eigene Darstellung in Anlehnung an MÖHRLE et al. (2018).

Zur Erreichung von Reifestufe 4 werden in Unternehmen A in Zukunft potenzielle neue Geschäftsfelder über ein systematisches Screening von Patentinformationen beobachtet. Außerdem erfolgt eine Ausweitung der Beobachtung der Patentinformationen auf das Umfeld eigener Technologien und Innovationen. Dementsprechend ist innerhalb des Workshops folgende Maßnahme festgelegt worden:

- Analyse unternehmensinterner, zukunftsrelevanter Innovationsthemen

Über eine gezielte Analyse der eigenen Innovationsthemen von Seiten der strategischen Patentmanager kann die eigenständige Recherche über die eigenen Geschäftsfelder hinaus erfolgen. Zusätzlich können auf diese Weise gezielt Patentinformationen an relevante Beteiligte übermittelt werden, welche die Informationen als Anregung für Ideen oder zur Ausrichtung der Innovationsstrategie nutzen können.

Des Weiteren werden von Unternehmen A folgende Möglichkeiten zur Erreichung der Soll-Reifestufe abgeleitet:

- Realisierung eines Zugriffs auf Nicht-Patentliteratur
- Realisierung einer Wissensdatenbank über Wettbewerberinformationen
- Schulung und Sensibilisierung von Mitarbeitern

Neben der Patentliteratur gibt es die Möglichkeit, Wettbewerber oder ausgewählte Technologien über Nicht-Patentliteratur (Publikationen, Onlineauftritte, Unternehmensberichte, etc.) zu beobachten. Zur Realisierung eines Zugriffs auf diese Daten und zur entsprechenden Analyse werden jedoch weitere Mittel benötigt. Als weitere Möglichkeit kann die Realisierung einer Wissensdatenbank angesehen werden, in der regelmäßig Patentinformationen bereitgestellt werden, die wiederum von Personen aus dem Unternehmen kommentiert und um eigene Informationen erweitert werden können. Zusätzlich können über die Schulung und Sensibilisierung der Mitarbeiter die Informationen der Geschäftsfeldanalyse erweitert werden. Eine Erweiterung kann zum Beispiel über die Beobachtung der Wettbewerber sowie unternehmensrelevanter Technologien auf Messen oder bei Geschäftstreffen stattfinden.

5.1.4   Stand-der-Technik-Analyse

Der Stand der Technik wird von Unternehmen A in der Regel für jede Patentanmeldung ermittelt. Dazu wird während der Patentanmeldung ein Auftrag an das zuständige Patentamt vergeben. In ausgewählten Technologien erfolgt darüber hinaus bereits im Vorfeld der Patentanmeldung die Ermittlung des Stands der Technik, die entweder vom zuständigen strategischen Patentmanager, von der zentralen Patentabteilung oder einem externen Patentanwalt durchgeführt wird. Um eigene Handlungsfreiheit zu gewährleisten, werden wiederum die in kommerziellen Softwareprodukten implementierten Suchstrings verwendet, die von den strategischen Patentmanagern und der zentralen Patentabteilung erstellt werden. Die Handlungsfreiheit bezüglich ausgewählter Technologien erfolgt demnach kontinuierlich. Werden kritische Patente bzw. Patentanmeldungen identifiziert, erfolgt eine Absprache im operativen Patentkomitee. Das operative Patentkomitee leitet daraufhin Handlungsempfehlungen für das strategische Management ab.

Durch die unterschiedliche Betrachtungsweise von Stand der Technik und Handlungs-freiheit wird eine genaue Zuordnung von Unternehmen A zu einer Reifestufe dieses Elements erschwert. Die Ermittlung des Stands der Technik während der Patentanmel-dung bedingt jedoch die Bewertung des Elements Stand-der-Technik-Analyse mit Rei-festufe 2/3, welche auch in Zukunft gehalten werden soll (Abbildung 5-5).

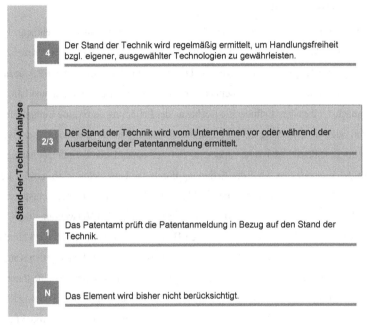

Abbildung 5-5: Ist- und Soll-Zustand des Elements Stand-der-Technik-Analyse für Unternehmen A. Quelle: Eigene Darstellung in Anlehnung an MÖHRLE et al. (2018).

Das Unternehmen strebt in Zukunft keine höhere Reifestufe im Element Stand-der-Technik-Analyse an, da es sich in diesem Element bereits gut aufgestellt sieht und daher keinen Bedarf zur Entwicklung hat. Dennoch wurden innerhalb der Workshops folgende Möglichkeiten abgeleitet, die zu einer Erhöhung der Reifestufe im Element Geschäfts-feldanalyse führen können:

- Schaffung eines Zugriffs auf Nicht-Patentliteratur
- Schaffung einer Wissensdatenbank über Wettbewerberinformationen
- Schulung und Sensibilisierung von Mitarbeitern

Sowohl über den Zugriff auf Nicht-Patentliteratur als auch über die Schaffung einer Wissensdatenbank können die Informationen über den Stand der Technik erweitert und regelmäßig abgerufen werden. Daneben können Mitarbeiter diesbezüglich geschult und sensibilisiert werden, um mit ihrem Wissen über den Stand der Technik (beispielsweise über Messen oder Kundenkontakt) Informationen bereitstellen zu können.

5.1.5   Wertermittlung

Die Wertermittlung erfolgt in Unternehmen A hauptsächlich für unternehmenseigene Erfindungsmeldungen. Dabei werden zur Bewertung sowohl etablierte Prozesse als auch ein Bewertungsschlüssel eingesetzt. Die etablierten Prozesse und der Bewertungs-schlüssel orientieren sich am Arbeitnehmererfindergesetz. Das Unternehmen entschei-det zunächst, ob es dem Erfinder die Rechte an der Erfindung durch eine Einmalzahlung abkauft oder die Erfindung frei gibt. Die Einmalzahlung basiert auf einem spezifischen Bewertungsschlüssel, der unter anderem von der Anzahl der Erfinder abhängig ist. Lehnt der Erfinder den Kauf der Erfindung durch das Unternehmen ab, erfolgt keine Einmalzahlung, jedoch eine Patentanmeldung durch das Unternehmen (entsprechend des Arbeitnehmererfindergesetzes). Der Erfinder bekommt bei Verwendung der Erfin-dung eine entsprechende Vergütung, deren Höhe abhängig vom Anteil der Erfindung am Produkt und dem damit erzielten Jahresumsatz ist. Nimmt der Erfinder den Kauf der Erfindung durch das Unternehmen an, entscheidet das Unternehmen, ob eine Patentan-meldung erfolgt. Bei Patenterteilung erfolgt eine weitere Vergütung für den Erfinder, die jedoch auf die Vergütung bei Verwendung der Erfindung in einem Produkt ange-rechnet wird. In dem Prozess ist das operative Patentkomitee involviert. Eine weitere Bewertung unternehmensinterner (offener) Patentanmeldungen erfolgt auf Basis einer Skala, mit deren Hilfe die wirtschaftliche Bedeutung der eigenen Patentanmeldung be-wertet wird. Die Skala setzt sich aus den Kriterien Umgehbarkeit, Nachweisbarkeit, Wettbewerbs- bzw. Kundeninteresse, eigene Nutzung sowie Sperrwirkung zusammen. Diese Ergebnisse werden verwendet, um zu entscheiden, in welchen Ländern die Erfin-dung zum Patent angemeldet werden soll. Der Ist-Zustand im Element Wertermittlung wird folglich mit der Reifestufe 1 bewertet, die auch in Zukunft gehalten werden soll (Abbildung 5-6).

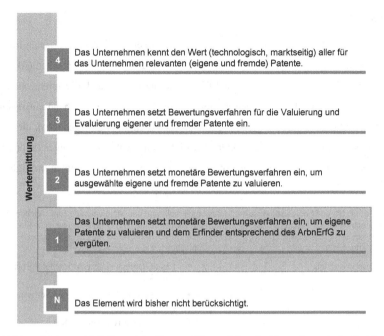

Abbildung 5-6: Ist- und Soll-Zustand des Elements Wertermittlung für Unternehmen A. Quelle: Eigene Darstellung in Anlehnung an MÖHRLE et al. (2018).

Für das Element Wertermittlung werden keine Maßnahmen geplant, da das Unternehmen in Zukunft Reifestufe 1 halten möchte. Als potenzielle Möglichkeit zur Weiterentwicklung gilt aus Sicht des Unternehmens jedoch folgende:

- Nutzung von Patentindikatoren

Die Nutzung von Patentindikatoren kann für verschiedene Zwecke eingesetzt werden. So kann zum Beispiel die technologische Stärke, die Qualität oder der mögliche Markteinfluss eines Patents auf Basis von Data-, Text- oder Graph-Mining Methoden ermittelt werden. Diese Informationen können vom Unternehmen bei der weiteren qualitativen Bewertung, sowohl von eigenen als auch von fremden Patenten, herangezogen werden.

5.1.6   Zusammenfassung

Unternehmen A strebt Weiterentwicklungen in den zwei Intelligence Elementen Informationsnutzung und Geschäftsfeldanalyse an. In den drei weiteren Elementen (Akquisition, Stand-der-Technik-Analyse und Wertermittlung) sollen die Reifestufen gehalten werden, da sich das Unternehmen in diesen Bereichen bereits ausreichend aufgestellt sieht. Tabelle 5-1 zeigt zwei konkrete Maßnahmen (hellgrau hervorgehoben), die Unternehmen A für die Weiterentwicklung verfolgt sowie zwölf Möglichkeiten (neun unterschiedliche), anhand derer eine Weiterentwicklung in den Elementen ermöglicht wird.

Tabelle 5-1: Ist- und Soll-Zustände sowie Maßnahmen (hellgrau) und Möglichkeiten zur Erreichung der Soll-Zustände für die Patent Intelligence Elemente des Unternehmen A. Quelle: Eigene Darstellung.

Intelligence Elemente	Ist	Soll	Maßnahmen und Möglichkeiten
Informationsnutzung	3	4	▪ Identifikation und Test marktreifer Softwareprodukte
			▪ Eigenständige Entwicklung von Softwareprodukten
			▪ Regelmäßige Teilnahme an Konferenzen
			▪ Teilnahme an Schulungen
Akquisition	2/3	2/3	▪ Beobachtung zukunftsrelevanter Technologien und deren Anbietern
			▪ Nutzung von Patentinformationen zur Suche nach Zulieferern und Kunden
Geschäftsfeldanalyse	3	4	▪ Analyse unternehmensinterner, zukunftsrelevanter Innovationsthemen
			▪ Realisierung eines Zugriffs auf Nicht-Patentliteratur
			▪ Realisierung einer Wissensdatenbank über Wettbewerberinformationen
			▪ Schulung und Sensibilisierung von Mitarbeitern
Stand-der-Technik-Analyse	2/3	2/3	▪ Schaffung eines Zugriffs auf Nicht-Patentliteratur
			▪ Schaffung einer Wissensdatenbank über Wettbewerberinformationen
			▪ Schulung und Sensibilisierung von Mitarbeitern
Wertermittlung	1	1	▪ Nutzung von Patentindikatoren

5.2 Unternehmen B – Maschinen- und Anlagenbauer

Unternehmen B ist ein börsennotiertes, hochspezialisiertes Maschinenbauunternehmen mit Hauptsitz in Deutschland. Auf Basis einer spezifischen Technologie entwickelt und produziert es Maschinen und Anlagen, die zur Herstellung von Produkten unterschiedlicher Art verwendet werden. Unternehmen B besteht aus vier verschiedenen Geschäftseinheiten, die mit 1.000 Mitarbeitern einen Jahresumsatz von etwa 100 Mio. € (Durchschnitt der letzten 5 Jahre) erzielen. In den Geschäftseinheiten verfolgt das Unternehmen eine sogenannte *Blue-Ocean* Strategie, indem es versucht, sich auf Geschäftsfelder zu konzentrieren, die bisher von wenigen Wettbewerbern erschlossen wurden oder durch das Unternehmen selbst geschaffen werden.[18] Unternehmen B hat im Laufe seiner Tätigkeit etwa 100 Patentfamilien erzeugt. Erfindungen des Unternehmens werden in der Regel zunächst in Deutschland zum Patent angemeldet. Je nach wirtschaftlicher bzw. technologischer Relevanz wird anschließend entschieden, ob die Erfindung auch in weiteren Ländern zum Patent angemeldet werden soll.

Das Patentmanagement des Unternehmens kann als eine zentrale Konzernfunktion beschrieben werden, welche durch einen Patentmanager repräsentiert wird. Der zuständige Mitarbeiter arbeitet zu etwa 30 % als Patentmanager. Weitere Aufgaben des Mitarbeiters liegen in der Produktentwicklung und Koordination öffentlicher Projekte. In rechtlichen Fragen wird der Mitarbeiter von einem internen Anwalt sowie externen Patentanwälten unterstützt, die auch bei einer Patentanmeldung konsultiert werden. Zusätzlich wird der Mitarbeiter von unternehmensinternen Technologieexperten sowie dem Technologievorstand unterstützt, sodass das Patentmanagement des Unternehmens insgesamt durch ein Vollzeitäquivalent pro Jahr repräsentiert wird. Das Patentmanagement ist folglich als Konzernfunktion dem Technologiemanagement zugeordnet, weist jedoch Schnittstellen zum Innovationsmanagement sowie zur Produktentwicklung auf (Abbildung 5-7).

---

[18] Für weiterführende Informationen zur *Blue-Ocean* Strategie vergleiche beispielsweise KIM UND MAUBORGNE (2005).

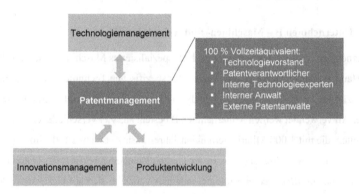

Abbildung 5-7: Aufbau des Patentmanagements von Unternehmen B. Quelle: Eigene Darstellung.

Nachfolgend werden die Ist- und Soll-Zustände für jedes Patent Intelligence Element beschrieben und konkrete Maßnahmen für Unternehmen B sowie weitere Möglichkeiten zur Entwicklung in den Reifestufen angegeben. In Unternehmen B besteht die Datenbasis aus zwei Interviews (ein Patentmanager und ein strategischer Manager), die durch einen Workshop mit dem Patentmanager erweitert wird.

5.2.1 Informationsnutzung

Patentinformationen werden in Unternehmen B sowohl über öffentlich zugängliche Datenbanken als auch über ein kommerzielles Softwareprodukt bereitgestellt. Die Durchführung der Patentrecherche zur Bereitstellung von Patentinformationen ist in der Regel Aufgabe des Patentmanagers. Zusätzlich hat ein ausgewählter Personenkreis, der für Patentfragen in einzelnen Geschäftsbereichen verantwortlich ist, Zugriff auf das kommerzielle Softwareprodukt. Dieser nutzt das Softwareprodukt jedoch unregelmäßig. In Einzelfällen wird eine Recherche vom Technologievorstand oder von weiteren Mitarbeitern (z.B. Entwicklern) aus den Geschäftseinheiten durchgeführt. Die Patentrecherche und die anschließende Analyse der recherchierten Ergebnisse erfolgen bedarfsorientiert und je nach zeitlicher Verfügbarkeit des Patentmanagers. Darüber hinaus sind Suchstrings in das kommerzielle Softwareprodukt implementiert, mit denen automatisch Patente ausgewählter Wettbewerber oder relevanter Technologien abgefragt werden. Die implementierten Suchstrings basieren auf Schlagworten, da eine reine Patentklassenrecherche als nicht ausreichend betrachtet wird. Die identifizierten Patente oder

Patentanmeldungen werden anhand einer Klassifizierung bewertet. Bei der Klassifizierung wird zwischen den vier Klassen nicht relevant, interessant, relevant und kritisch unterschieden. Die Bewertung erfolgt ausschließlich qualitativ und wird in der Regel durch den Patentmanager durchgeführt sowie von dem ausgewählten Personenkreis unterstützt. Nicht relevante Patente oder Patentanmeldungen werden ignoriert. Als interessant bezeichnete Patente oder Patentanmeldungen werden bedarfsorientiert an einzelne Mitarbeiter weitergeleitet, da anhand dieser Ideen entwickelt werden können. Bei relevanten und kritischen Patenten wird strategisch und situationsspezifisch entschieden, wie der weitere Umgang mit diesen Patenten erfolgen soll. Werden Patentanmeldungen als relevant oder als kritisch bewertet, werden diese zunächst weiter bezüglich ihres Rechtsstands beobachtet, bevor Handlungsmaßnahmen eingeleitet oder die Patentanmeldungen aufgrund einer Änderung des Rechtsstands nicht mehr als relevant oder kritisch bewertet werden. Insgesamt liegt der Ist-Zustand in Unternehmen B für das Element Informationsnutzung zwischen der Reifestufe 2 und 3, da nicht alle Geschäftseinheiten Reifestufe 3 erreichen. In Zukunft wird Reifestufe 3 für alle Geschäftseinheiten angestrebt (Abbildung 5-8).

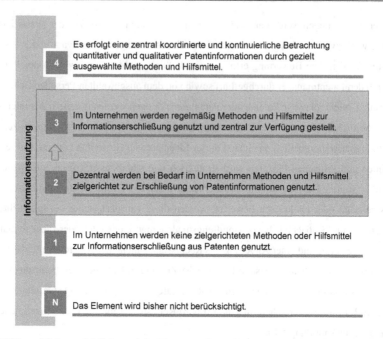

Abbildung 5-8: Ist- und Soll-Zustand des Elements Informationsnutzung für Unternehmen B. Quelle: Eigene Darstellung in Anlehnung an MÖHRLE et al. (2018).

Zur Erreichung der Reifestufe 3 strebt Unternehmen B eine Entlastung des Patentmanagers an. Dies wird ermöglicht, indem die für Patentfragen verantwortlichen Mitarbeiter in den Geschäftsbereichen regelmäßig in das Patentmanagement eingebunden werden. Weiterhin gibt es die Überlegung, ein bisher eher selten genutztes Softwareprodukt zur semantischen Analyse von Patentinformationen regelmäßiger zu nutzen. Dazu wird vorausgesetzt, dass das Softwareprodukt zunächst kostenfrei zur Verfügung gestellt werden kann, um die Anwendbarkeit und den Nutzen des Softwareprodukts zu überprüfen. Folgende Maßnahmen zur Erreichung der Soll-Reifestufe 3 des Elements Informationsnutzung plant Unternehmen B:

- Regelmäßige Kommunikation mit ausgewähltem Personenkreis
- Klärung von Verantwortung und Prioritäten
- Darstellung des Nutzens der Aufgaben und Förderung der Motivation
- Überarbeitung der Suchstrings in regelmäßigen Abständen

Als Maßnahmen zur Erreichung der Soll-Reifestufe 3 im Element Informationsnutzung wird eine engere Kommunikation mit dem verantwortlichen Personenkreis angesehen. Dies kann in Form von regelmäßigen Treffen, Telefonaten oder E-Mails geschehen, wobei die persönliche Kommunikation bevorzugt wird. Eine Herausforderung ist, dass diese Kommunikation geschäftsbereichs- und standortsübergreifend stattfinden muss und für die Beteiligten zu einem Mehraufwand führt. Um die Herausforderungen zu bewältigen, werden die Verantwortung für Aufgaben, gegebenenfalls unter Einbeziehung der jeweiligen Vorgesetzten oder dem Vorstand, geklärt und Aufgaben priorisiert. Auf diese Weise wird die Bedeutung der Aufgaben sowie deren Nutzen erneut vermittelt und die Motivation zur Erledigung der Aufgaben erhöht. Eine weitere Maßnahme zur Verbesserung der Ausgangssituation stellt die regelmäßige Überarbeitung der in das kommerzielle Softwareprodukt implementierten Suchstrings dar. Auf diese Weise können die Suchstrings neu ausgerichtet und gegebenenfalls weiter spezifiziert werden, um weniger nicht-relevante Patente bewerten zu müssen.

Neben den genannten Maßnahmen sind weitere Möglichkeiten zur Erreichung der Soll-Reifestufe 3 identifiziert worden, die für das Unternehmen eine niedrigere Priorität aufweisen. Zu diesen Möglichkeiten gehören:

- Nutzung weiterer Softwareprodukte auf Grundlage konkreter Fragestellungen
- Integrierung von Softwareprodukten oder -erweiterungen in den Arbeitsalltag

Die Nutzung weiterer Softwareprodukte anhand konkreter, unternehmensrelevanter Fragestellungen kann zu einer höheren Reifestufe führen. Als Fragestellung ist die Zuordnung von Patenten zu Personen bzw. Geschäftseinheiten oder die Bewertung der Relevanz der Patente vorstellbar. Eine Herausforderung sieht das Unternehmen jedoch in dem Erlernen und der Verwendung zusätzlicher, neuer Softwareprodukte. Um dem entgegenzuwirken, müssen die Softwareprodukte in den Arbeitsalltag integriert werden, einfach handhabbar sein oder als Softwareerweiterung in bestehende Softwareprodukte integriert werden.

5.2.2   Akquisition

Patentinformationen werden derzeit und auch in naher Zukunft von Unternehmen B nicht zur Akquisition eingesetzt, wodurch Ist- und Soll-Zustand mit Reifestufe N bewertet werden (Abbildung 5-9). Wenngleich keine höhere Reifestufe angestrebt wird, sieht das Unternehmen Potenzial, insbesondere zur Identifikation neuer Kunden.

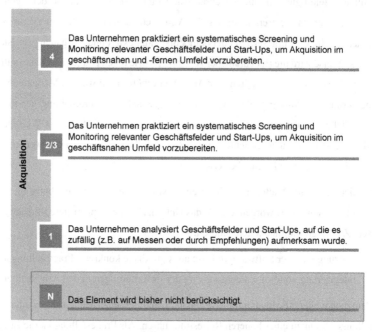

Abbildung 5-9: Ist- und Soll-Zustand des Elements Akquisition für Unternehmen B. Quelle: Eigene Darstellung in Anlehnung an MÖHRLE et al. (2018).

5.2.3   Geschäftsfeldanalyse

Die Geschäftsfeldanalyse wird in Unternehmen B auf Basis des kommerziellen Softwareprodukts über die implementierten Suchstrings sowie auf Basis von Recherchen in öffentlich zugänglichen Patentdatenbanken vorgenommen. Die Geschäftsfeldanalyse wird durch den Patentmanager oder in einigen Geschäftseinheiten durch die jeweiligen verantwortlichen Mitarbeiter durchgeführt. In diesem Zusammenhang erfolgt in den meisten Geschäftseinheiten eine gezielte Beobachtung ausgewählter Wettbewerber, die als direkte Wettbewerber bezeichnet werden können. Indirekte Wettbewerber werden folglich nicht oder nur vereinzelt beobachtet, da diese zum Teil unbekannt sind. Zusätzlich erfolgt eine Beobachtung und Analyse der weltweiten Patentaktivität bezüglich ausgewählter Technologien. Die auf diese Weise gesammelten Informationen werden bei möglichen Nichtigkeitsklagen eingesetzt. Der Ist-Zustand des Elements Geschäftsfeldanalyse für Unternehmen B liegt demnach zwischen der Reifestufe 1 und 2, da nicht alle Geschäftseinheiten Reifestufe 2 erreichen. In Zukunft wird jedoch für alle Geschäftseinheiten Reifestufe 3 angestrebt (Abbildung 5-10).

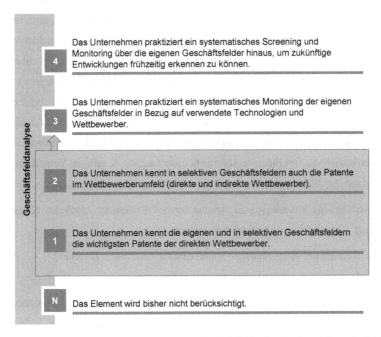

Abbildung 5-10: Ist- und Soll-Zustand des Elements Geschäftsfeldanalyse für Unternehmen B. Quelle: Eigene Darstellung in Anlehnung an MÖHRLE et al. (2018).

Die in einer Geschäftseinheit eingeführte Systematik zum Monitoring der Wettbewerber und ausgewählter Technologien soll in Zukunft auf alle Geschäftseinheiten erweitert werden. Ähnlich zur betrachteten Geschäftseinheit soll die Betreuung zum großen Teil durch die jeweilige, verantwortliche Person der Geschäftseinheit übernommen werden.

Um Reifestufe 3 beim Element Geschäftsfeldanalyse erreichen zu können, sind folgende Maßnahmen von Unternehmen B geplant:

- Entwicklung von Suchstrings für alle direkten Wettbewerber
- Implementierung einer einheitlichen Systematik in allen Geschäftseinheiten
- Klärung von Verantwortlichkeiten

Eine Maßnahme zur Erreichung der Reifestufe 3 ist aus Sicht von Unternehmen B die Entwicklung von Suchstrings für alle direkten Wettbewerber. Dazu werden Suchstrings bevorzugt für Wettbewerber aus Geschäftseinheiten entwickelt, in denen bisher nur wenige, ausgewählte Wettbewerber beobachtet werden. Als weitere Maßnahme ist die Überführung der in einer Geschäftseinheit bestehenden Systematik zur Geschäftsfeldanalyse in die weiteren Geschäftseinheiten geplant, um neben den direkten Wettbewerbern auch weitere Wettbewerber zu identifizieren und ausgewählte Technologien zu beobachten. Dazu gilt es zunächst zu erarbeiten, in welcher Form eine Übertragung der Systematik möglich ist, bevor die Systematik in weitere Geschäftsbereiche implementiert werden kann. Zusätzlich zur Implementierung müssen, ähnlich der Maßnahme zur Weiterentwicklung des Elements Informationsnutzung, die jeweiligen Verantwortlichkeiten zur Durchführung der Recherche und Analyse geklärt werden.

Als weitere Möglichkeiten zur Erreichung der Soll-Reifestufe, jedoch mit geringerer Priorität, werden folgende Maßnahmen genannt:

- Nutzung der gewonnenen Informationen für strategische Zwecke
- Identifizierung bisher unbekannter Wettbewerber

Eine höhere Reifestufe kann erreicht werden, indem die gewonnenen Informationen aus der Geschäftsfeldanalyse auch für strategische Zwecke eingesetzt werden. Es können sowohl die strategischen Ausrichtungen der Wettbewerber analysiert als auch eigene Strategien in Abhängigkeit der Wettbewerber bzw. des Patentierverhaltens innerhalb eines Technologiefeldes, ausgerichtet werden. Darüber hinaus gilt es über die Nutzung von Patentinformationen und die Erweiterung der vorhandenen Suchstrings auch bisher unbekannte Wettbewerber zu identifizieren und zu beobachten.

5.2.4 Stand-der-Technik-Analyse

Die Ermittlung des Stands der Technik ist für Unternehmen B von hoher Relevanz, da es die *Blue-Ocean* Strategie verfolgt. Auf Basis der Suchstrings und bedingt durch die anschließende Bewertung, erfolgen eine kontinuierliche Beobachtung des Standes der Technik sowie der eigenen Handlungsfreiheit. Bei Patenten, die als kritisch eingestuft werden, beauftragt das Unternehmen auch externe Patentanwälte, um ein Gutachten zur eigenen Handlungsfreiheit zu erstellen und das betrachtete Patent zu analysieren. Zudem erfolgt im Vorfeld einer Patentanmeldung in der Regel eine interne Recherche, um die Erfolgswahrscheinlichkeit der Patentierung zu bestimmen. Diese Informationen werden bei Patentanmeldung dem zuständigen externen Patentanwalt zur Ausarbeitung der Patentanmeldung übermittelt. Der Ist-Zustand für das Element Stand-der-Technik-Analyse wird daher für Unternehmen B mit Reifestufe 4 bewertet, welche auch in Zukunft gehalten werden soll (Abbildung 5-11).

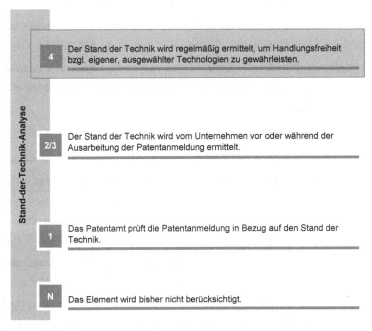

Abbildung 5-11: Ist- und Soll-Zustand des Elements Stand-der-Technik-Analyse für Unternehmen B. Quelle: Eigene Darstellung in Anlehnung an MÖHRLE et al. (2018).

Um Reifestufe 4 im Element Stand-der-Technik-Analyse zu halten, bzw. diese Reifestufe weiter auszubauen, werden die regelmäßig auf ausgewählte Technologien angewendeten Vorgehensweisen in Zukunft unternehmensweit auf zusätzliche Technologien erweitert. Als Maßnahme zum Erhalt bzw. zum weiteren Ausbau der Reifestufe wird folgende genannt:

- Ableitung allgemeiner Vorgehensweisen aus Fallbeispielen

Um in Zukunft die Analysen zum Stand der Technik auf zusätzliche, ausgewählte Technologien zu erweitern, werden die bereits durchgeführten Analysen untersucht und basierend auf diesen Analysen allgemeine Vorgehensweisen abgeleitet.

Als weitere Möglichkeit, die Informationsgrundlage bezüglich des Stands der Technik zu vergrößern, wird folgende Maßnahme von Unternehmen B genannt. Diese weist für das Unternehmen eine geringe Priorität auf.

- Erweiterung der Datenbasis um wissenschaftliche Publikationen

Die Kenntnis über wissenschaftliche Publikationen in unternehmensrelevanten Technologiefeldern können die Informationen über den Stand der Technik erweitern und zusätzliche Ideen zur Produktentwicklung liefern. Des Weiteren können diese Informationen zur Bewertung der erfinderischen Höhe und zur Ausarbeitung der Patentanmeldung herangezogen werden.

5.2.5 Wertermittlung

In Unternehmen B werden ausschließlich qualitative Bewertungsverfahren für eigene Erfindungsmeldungen sowie fremde Patente bzw. Patentanmeldungen eingesetzt. Zur Bewertung der Erfindungsmeldungen sind im Unternehmen Prozesse und Bewertungsschlüssel implementiert, die sich am Arbeitnehmererfindergesetz orientieren. Dazu wird zusätzlich die erfinderische Höhe für eigene Erfindungsmeldungen ermittelt, um diese zu bewerten. Fremde Patente bzw. Patentanmeldungen werden den Bewertungskriterien nicht relevant, interessant, relevant und hoch-relevant zugeordnet und anschließend entsprechende Maßnahmen eingeleitet. Zur Unterstützung dieser Bewertung sowie zur Abschätzung der Patentstärke, erfolgt in einigen Fällen die Berücksichtigung von weiteren Indikatoren, die zum Beispiel die Größe der Patentfamilie oder des Patentportfolios des jeweiligen Patentbesitzers abbilden. Monetäre Bewertungsverfahren werden in Unternehmen B nicht eingesetzt, dementsprechend ist die Zuordnung zu einer Reifestufe schwierig. Da Unternehmen B auch in Zukunft auf monetäre Bewertungsverfahren verzichtet, wird der Ist-Zustand sowie der Soll-Zustand mit Reifestufe 1 bewertet (Abbildung 5-12). Zudem werden keine Maßnahmen für die Entwicklung festgelegt.

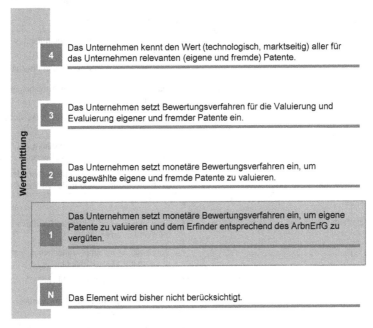

Abbildung 5-12: Ist- und Soll-Zustand des Elements Wertermittlung für Unternehmen B. Quelle: Eigene Darstellung in Anlehnung an MÖHRLE et al. (2018).

5.2.6 Zusammenfassung

Unternehmen B strebt Weiterentwicklungen in den Intelligence Elementen Informationsnutzung und Geschäftsfeldanalyse an. In zwei weiteren Elementen, der Stand-der-Technik-Analyse und der Wertermittlung, sollen die Reifestufen gehalten und teilweise ausgebaut werden. Das Intelligence Element Akquisition wird bisher vom Unternehmen nicht berücksichtigt und soll auch in naher Zukunft keine Rolle spielen. Dennoch sieht das Unternehmen Potenzial in der Fähigkeit, Patentinformationen für die Akquise von Kunden zu nutzen. Die Ist- und Soll-Reifestufen sowie Maßnahmen und Möglichkeiten zur Erreichung der Soll-Reifestufe werden zusammenfassend in Tabelle 5-2 dargestellt. Insgesamt sind acht konkrete Maßnahmen für Unternehmen B geplant. Außerdem gibt es aus Sicht des Unternehmens fünf weitere Möglichkeiten, anhand derer der Soll-Zustand in den einzelnen Elementen herbeigeführt werden kann.

Tabelle 5-2: Ist- und Soll-Zustände sowie Maßnahmen (hellgrau) und Möglichkeiten zur Erreichung der Soll-Zustände für die Patent Intelligence Elemente des Unternehmen B. Quelle: Eigene Darstellung.

Intelligence Elemente	Ist	Soll	Maßnahmen und Möglichkeiten
Informationsnutzung	2 bis 3	3	▪ Regelmäßige Kommunikation mit ausgewähltem Personenkreis
			▪ Klärung von Verantwortung und Prioritäten
			▪ Darstellung des Nutzens der Aufgaben und Förderung der Motivation
			▪ Überarbeitung der Suchstrings in regelmäßigen Abständen
			▪ Nutzung weiterer Softwareprodukte auf Grundlage konkreter Fragestellungen
			▪ Integrierung von Softwareprodukten oder Softwareerweiterungen in den Arbeitsalltag
Akquisition	N	N	▪ -
Geschäftsfeldanalyse	1 bis 2	3	▪ Entwicklung von Suchstrings für alle direkten Wettbewerber
			▪ Implementierung einer einheitlichen Systematik in allen Geschäftseinheiten
			▪ Klärung von Verantwortlichkeiten
			▪ Nutzung der gewonnenen Informationen für strategische Zwecke
			▪ Identifizierung bisher unbekannter Wettbewerber
Stand-der-Technik-Analyse	4	4	▪ Ableitung allgemeiner Vorgehensweisen aus Fallbeispielen
			▪ Erweiterung der Datenbasis um wissenschaftliche Publikationen
Wertermittlung	1	1	▪ -

5.3 Unternehmen C – Technologiedienstleister

Unternehmen C ist ein börsennotiertes, multinational ausgerichtetes Unternehmen mit Hauptsitz in Deutschland. Es bietet ein breites Spektrum an Technologiedienst- und Beratungsleistungen innerhalb einer Industrie an. Die Geschäftsfelder in denen das Unternehmen aktiv ist, sind geprägt durch einen stärker werdenden Wettbewerb, der auf in die Geschäftsfelder dringende, global agierende Unternehmen zurückzuführen ist. Insgesamt besteht Unternehmen C aus sieben Geschäftseinheiten, die anhand der Geschäftsfelder differenziert werden. Dazu beschäftigt Unternehmen C weltweit mehr als 25.000 Mitarbeiter, die einen Jahresumsatz von etwa 4.500 Mio. € (Durchschnitt der letzten 5 Jahre) erwirtschaften. Im Laufe der Tätigkeit hat Unternehmen C insgesamt etwa 200 Patentfamilien erzeugt, wobei der Fokus auf die Qualität und nicht die Quantität der Patente gelegt wird.

Das Patentmanagement des Unternehmens wird durch insgesamt sechs Vollzeitäquivalente vertreten. Zu diesen gehören die internen Patentanwälte, die als Stabsstelle dem zentralen Innovationsmanagement zugeordnet werden (Abbildung 5-13). Die internen Patentanwälte verwalten neben Patenten auch weitere IP-Rechte. Die Abteilung wird daher als zentrales IP- und Patentmanagement bezeichnet. Zusätzlich zu den internen Patentanwälten arbeiten in den Geschäftseinheiten IP-Koordinatoren, welche die Verbindung zwischen dem zentralen IP- und Patentmanagement und den Geschäftseinheiten verantworten. Die IP-Koordinatoren bilden in Zusammenarbeit mit den internen Patentanwälten, weiteren Technologieexperten aus den Geschäftseinheiten sowie bei Bedarf externen Dienstleistern, ein IP-Komitee. In den IP-Komitees werden mögliche Patentanmeldungen sowie Einschränkungen der Handlungsfreiheit diskutiert.

In Unternehmen C besteht die Datenbasis aus vier Interviews (zwei Patentmanager und zwei strategischer Manager). Aufgrund von Umstrukturierungsmaßnahmen in Unternehmen C, von denen auch die Interviewpartner betroffen sind, konnte bis zum Zeitpunkt der Fertigstellung dieser Arbeit kein Workshop stattfinden. Für dieses Unternehmen wird daher nachfolgend ausschließlich der Ist-Zustand der einzelnen Elemente dargestellt.

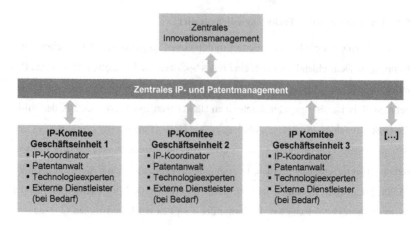

Abbildung 5-13: Aufbau des Patentmanagements von Unternehmen C. Quelle: Eigene Darstellung.

5.3.1   Informationsnutzung

Unternehmen C verwendet zur Recherche von Patentinformationen öffentlich zugängliche Datenbanken sowie ein kommerzielles Softwareprodukt. In das kommerzielle
Softwareprodukt, auf das ein ausgewählter Personenkreis Zugriff hat, sind Suchstrings
implementiert, um Patentaktivitäten im Hinblick auf ausgewählte Technologien und
Wettbewerber zu beobachten. Unterstützt durch das kommerzielle Softwareprodukt
werden die recherchierten Patentinformationen zwischen den IP-Koordinatoren und
dem zentralen IP- und Patentmanagement ausgetauscht. Auf diese Weise wird die Recherche transparent und beteiligte Akteure können gezielt Patente bzw. Patentanmeldungen markieren und Kommentare erstellen. Neben der Überwachung von Patentaktivitäten auf Basis von Suchstrings erfolgen in Unternehmen C weitere Patentrecherchen
und -analysen. Diese werden von den IP-Koordinatoren durchgeführt, die bei Bedarf
vom zentralen IP- und Patentmanagement ergänzt oder an einen externen Dienstleister
weitergeleitet werden. Externe Dienstleister werden zusätzlich für spezifische Patentrecherchen und -analysen beauftragt, wie beispielsweise zur Vernichtung bestehender
Patente, welche die Handlungsfreiheit des Unternehmens einschränken, oder für Patentrecherchen und -analysen im Ausland. Insgesamt wird der Ist-Zustand in Unternehmen
C für das Element Informationsnutzung mit Reifestufe 3 bewertet (Abbildung 5-14)

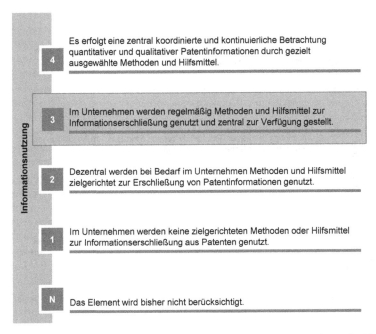

Abbildung 5-14: Ist-Zustand des Elements Informationsnutzung für Unternehmen C. Quelle: Eigene Darstellung in Anlehnung an MÖHRLE et al. (2018).

5.3.2 Akquisition

Zur Akquise potenzieller Geschäftspartner, Zulieferer, Kunden oder Erfinder werden in Unternehmen C derzeit keine Patentinformationen eingesetzt. Ebenso wenig werden Patentinformationen zur Vorbereitung von Unternehmensbeteiligungen und -übernahmen genutzt. Der Ist-Zustand wird daher für Unternehmen C mit Reifestufe N bewertet (Abbildung 5-15).

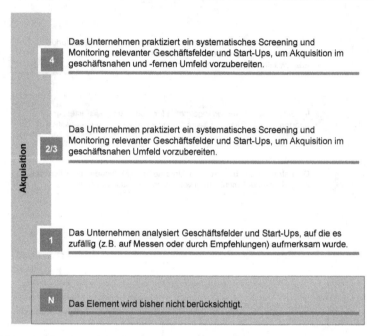

Abbildung 5-15: Ist-Zustand des Elements Akquisition für Unternehmen C. Quelle: Eigene Darstellung in Anlehnung an MÖHRLE et al. (2018).

5.3.3 Geschäftsfeldanalyse

Die Geschäftsfeldanalyse erfolgt in Unternehmen C über Suchstrings, die im kommerziellen Softwareprodukt implementiert sind. Zusätzlich werden spezifische Suchstrings im Hinblick auf relevante Technologien und ausgewählte Wettbewerber entwickelt. Darüber hinaus werden von den IP-Koordinatoren einzelne Technologien und Wettbewerber im Hinblick auf die Patentaktivitäten untersucht und in seltenen Fällen externe Dienstleister mit der Beobachtung von Technologien und Wettbewerbern beauftragt. Das Element Geschäftsfeldanalyse wird für Unternehmen C daher mit der Reifestufe 2 bewertet (Abbildung 5-16).

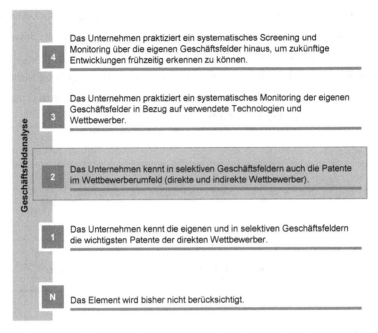

Abbildung 5-16: Ist-Zustand des Elements Geschäftsfeldanalyse für Unternehmen C. Quelle: Eigene Darstellung in Anlehnung an MÖHRLE et al. (2018).

5.3.4 Stand-der-Technik-Analyse

Der Stand-der-Technik-Analyse wird in Unternehmen C eine hohe Relevanz zugesprochen. Die Ermittlung des Standes der Technik wird von den IP-Koordinatoren und dem zentralen IP- und Patentmanagement durchgeführt oder bei Bedarf an externe Patentanwälte und Dienstleister vergeben. Über die Suchstrings sowie weitere Analysen in öffentlich zugänglichen Patentdatenbanken und im kommerziellen Softwareprodukt werden die relevanten Technologiefelder kontinuierlich beobachtet. Gegen eine mögliche Einschränkung der eigenen Handlungsfreiheit wird vorgegangen, häufig unterstützt durch einen externen Patentanwalt. Bei Bedarf werden außerdem spezialisierte Dienstleister beauftragt, Handlungsfreiheit sicherzustellen, indem fremde Patente für nichtig erklärt werden. Die IP-Koordinatoren und Mitarbeiter aus dem zentralen IP- und Patentmanagement nehmen außerdem an Entwicklungsprozessen von neuen Produkten teil, um frühzeitig eine generelle Übersicht über den Stand der Technik zu vermitteln und

Handlungsfreiheit zu gewährleisten. Unterstützt wird die Stand-der-Technik-Analyse durch die IP-Komitees in den Geschäftseinheiten, in denen der Umgang mit relevanten, fremden Patenten und Patentanmeldungen besprochen wird. Zusätzlich erfolgt als Informationsgrundlage für die Stand-der-Technik-Analyse auch ein Zugriff auf Nicht-Patentliteratur. Die Stand-der-Technik-Analyse wird folglich für Unternehmen C mit der Reifestufe 4 bewertet (Abbildung 5-17).

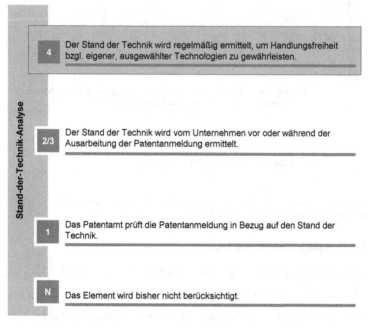

Abbildung 5-17: Ist-Zustand des Elements Stand-der-Technik-Analyse für Unternehmen C. Quelle: Eigene Darstellung in Anlehnung an MÖHRLE et al. (2018).

5.3.5 Wertermittlung

Der monetäre Wert unternehmenseigener Patente wird in Unternehmen C auf Basis des (potenziellen) Erfolgs des entsprechenden Produkts bestimmt. Dies wird genutzt, um Erfinder in Anlehnung an das ArbnErfG zu vergüten. Lizenzen werden nur in ausgewählten Fällen an fremde Unternehmen vergeben, wobei die fremden Unternehmen meistens Kooperationspartner des Unternehmens darstellen. Vereinzelt werden auch Erfindungen patentiert, die das Unternehmen nicht anwenden möchte, bei denen eine Lizenzvergabe jedoch möglich ist. Der monetäre Wert fremder Patente wird auf Basis der Kosten ermittelt, die in Unternehmen C für eine mögliche Umgehungslösung anfallen. Daneben wird zur Bestimmung des Wertes fremder Patente ermittelt, welches interne Projekt betroffen und wie weit dieses Projekt fortgeschritten ist. Das Element Wertermittlung wird für Unternehmen C folglich mit Reifestufe 2 bewertet (Abbildung 5-18).

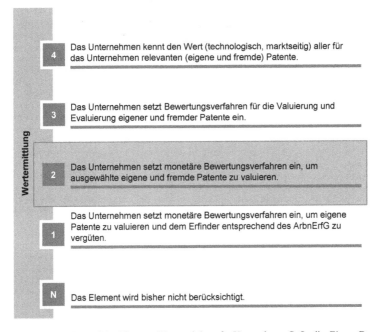

Abbildung 5-18: Ist-Zustand des Elements Wertermittlung für Unternehmen C. Quelle: Eigene Darstellung in Anlehnung an MÖHRLE et al. (2018).

5.3.6   Zusammenfassung

In Unternehmen C werden die Elemente Informationsnutzung und die Stand-der-Tech-nik-Analyse mit Reifestufen 3 und 4, die Elemente Geschäftsfeldanalyse sowie Werter-mittlung jeweils mit Reifestufe 2 bewertet. Für die Akquisition werden in Unterneh-men C derzeit keine Patentinformationen verwendet. Daher wird das Element mit Rei-festufe N bewertet. Tabelle 5-3 fasst die Ergebnisse der Bewertung der Ist-Zustände für Unternehmen C zusammen. Durch den fehlenden Workshop entfallen in der Darstellung die Soll-Zustände sowie die Maßnahmen und Möglichkeiten zur Entwicklung in den Elementen.

Tabelle 5-3: Ist-Zustände der Patent Intelligence Elemente des Unternehmens C. Quelle: Eigene Dar-stellung.

Intelligence Elemente	Ist-Zustand
Informationsnutzung	3
Akquisition	N
Geschäftsfeldanalyse	2
Stand-der-Technik-Analyse	4
Wertermittlung	2

5.4 Unternehmen D – Investitionsgüterhersteller

Unternehmen D ist ein börsennotierter, global agierender Investitionsgüterhersteller mit Hauptsitz in den USA. Er produziert Investitionsgüter ähnlicher Funktion für drei Hauptwirtschaftszonen, anhand derer das Unternehmen in drei Geschäftseinheiten unterteilt ist. Die Geschäftsfelder, in denen Unternehmen D tätig ist, sind bestimmt durch einen starken Wettbewerb, der vor allem durch wenige, global agierende Unternehmen ausgetragen wird. Insgesamt beschäftigt das Unternehmen 5.000 Mitarbeiter und erzielt einen Jahresumsatz von etwa 1.500 Mio. € (Durchschnitt der letzten 5 Jahre). Im Laufe seiner Tätigkeit hat Unternehmen D etwa 500 Patentfamilien erzeugt, wobei eine Patentierung von Erfindungen in strategisch und operativ relevanten Ländern erfolgt.

Das IP- und Patentmanagement des Unternehmens wird mit globaler Verantwortung durch den Leiter des Bereichs Geistiges Eigentum geführt, der zugleich interner Patentanwalt und Berater für Patentthemen innerhalb des Unternehmens ist (Abbildung 5-19). Der Leiter des Bereichs Geistiges Eigentum wird in den Geschäftseinheiten durch einen Patentmanager unterstützt, der jedoch hauptsächlich in der Entwicklung tätig ist und das Patentmanagement als Nebentätigkeit ausübt. Zusätzlich arbeiten weitere Mitarbeiter in den Geschäftseinheiten an Patentthemen in IP-Komitees als Nebentätigkeit. Dies führt zu insgesamt drei Vollzeitäquivalenten, die das Unternehmen für Patentthemen beschäftigt. Die IP-Komitees bestehen aus dem Patentmanager, einem administrativen Mitarbeiter und Technologieexperten. Bei Bedarf werden der Leiter des Bereichs Geistiges Eigentum, außenstehende Patentanwälte oder weitere Mitarbeiter (beispielsweise aus dem Marketing oder der Geschäftsführung) hinzugezogen. In den IP-Komitees werden fremde Patente im Hinblick auf die Relevanz für das eigene Unternehmen analysiert sowie unternehmensinterne Erfindungsmeldungen diskutiert.

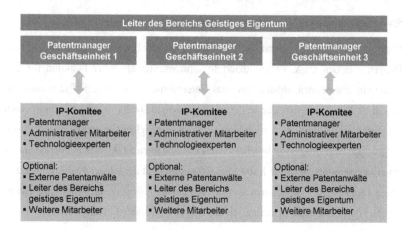

Abbildung 5-19: Aufbau des Patentmanagements von Unternehmen D. Quelle: Eigene Darstellung.

Nachfolgend werden die Ist- und Soll-Zustände für jedes Patent Intelligence Element beschrieben und konkrete Maßnahmen für Unternehmen D sowie weitere Möglichkeiten zur Entwicklung in den Reifestufen angegeben. In Unternehmen D besteht die Datenbasis aus einem Interview sowie einem Workshop mit dem Leiter des Bereichs Geistiges Eigentum.

5.4.1 Informationsnutzung

In Unternehmen D hat jeder Mitarbeiter Zugriff auf ein kommerzielles Softwareprodukt, welches auf informelle Bedürfnisse des Mitarbeiters angepasst werden kann. Das Softwareprodukt stellt weltweite Patentdaten im Volltextformat bereit und dient im Unternehmen zur Wettbewerberüberwachung sowie zur Verwaltung der eigenen Patente. Ein zweites Softwareprodukt wird im Unternehmen für den deutschsprachigen Raum zur Verfügung gestellt und dient hauptsächlich der vereinfachten Ermittlung des Standes der Technik. Zusätzlich zu den kommerziellen Softwareprodukten werden im Unternehmen öffentlich zugängliche Datenbanken zur Patentrecherche genutzt. Diese werden in Unternehmen D in der Regel von den Mitgliedern der IP-Komitees durchgeführt. Die Ergebnisse der Recherche werden in den IP-Komitees besprochen, zu denen bei Bedarf zuständige Vorgesetzte, der Leiter des Bereichs Geistiges Eigentum oder außenstehende

Patentanwälte hinzugezogen werden. Außerdem werden in ausgewählten Fällen Patentinformationen von externen Patentanwälten oder Dienstleistern angefordert, die als Überwachungsdienstleistung im monatlichen Rhythmus eine kombinierte Patentklassen-, Schlagwort- oder Anmelder-basierte Recherche durchführen. Der Ist-Zustand in Unternehmen D für das Element Informationsnutzung wird daher mit Reifestufe 3 bewertet, wobei in Zukunft Reifestufe 4 angestrebt wird (Abbildung 5-20).

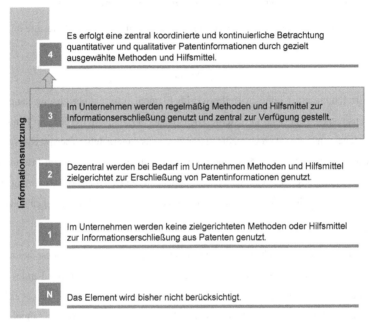

Abbildung 5-20: Ist- und Soll-Zustand des Elements Informationsnutzung für Unternehmen D. Quelle: Eigene Darstellung in Anlehnung an MÖHRLE et al. (2018).

Zur Erreichung von Reifestufe 4 im Element Informationsnutzung ist es aus Sicht von Unternehmen D notwendig, ein IP-Wissensmanagement zu etablieren und den Kontakt zu externen Dienstleistern auszubauen. Zur Erreichung der Reifestufe werden daher folgende Maßnahmen festgelegt:

- Einrichtung eines IP-Wissensmanagements
- Identifikation externer Dienstleister

Unternehmen D plant die Einrichtung eines IP-Wissensmanagements in Form eines Datenmanagements. Dabei verantworten entsprechende Personen die Beschaffung und Verteilung relevanter Informationen. Das IP-Wissensmanagement soll in dem Zusammenhang ein Monitoring, ein Datenmanagement, ein Informationsmanagement und ein Reporting umfassen und Ergebnisse zur vereinfachten Übersicht visualisieren. Eine weitere Maßnahme besteht in der Identifikation und Kontaktaufnahme zu weiteren, externen Dienstleistern, die Recherche- und Analysedienstleistungen übernehmen.

Darüber hinaus kann folgende weitere Möglichkeit zu einer höheren Reifestufe im Element Informationsnutzung führen:

- Auslagerung des Wissensmanagements

Zur Erreichung einer höheren Reifestufe im Element Informationsnutzung kann das Wissensmanagement auch an externe Dienstleister ausgelagert werden. So kann ein Dienstleister in Form von regelmäßigen Berichten das Unternehmen (beispielsweise die IP-Komitees oder die Geschäftsleitung) mit notwendigen bzw. relevanten Informationen versorgen. Das Unternehmen kann anschließend die Daten zur Beantwortung spezifischer Fragestellungen oder zur Ableitung eigener Ideen für Entwicklungen nutzen.

5.4.2 Akquisition

Das Unternehmen beobachtet Patente im geschäftsnahen Umfeld, um diese bei hoher Relevanz für das eigene Unternehmen entweder zu vernichten, ein entsprechendes Nutzungsrecht zu erhalten oder ein Fremdschutzrecht käuflich zu erwerben. Dieses erfolgt in der Regel bei interessanten Patenten von kleinen Unternehmen sowie Technologiepartnern (beispielsweise Zulieferern), aber auch bei störenden Patenten der direkten Wettbewerber. Der Ist-Zustand im Unternehmen D für das Element Akquisition wird daher mit Reifestufe 1 bewertet. Eine Änderung der aktuellen Situation ist nicht vorgesehen, daher wird auch der Soll-Zustand mit Reifestufe 1 bewertet (Abbildung 5-21).

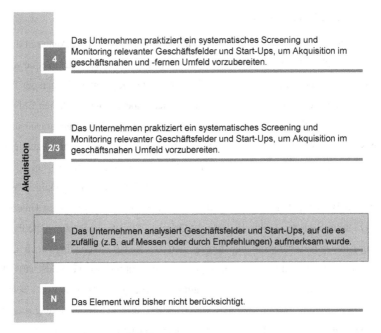

Abbildung 5-21: Ist- und Soll-Zustand des Elements Akquisition für Unternehmen D. Quelle: Eigene Darstellung in Anlehnung an MÖHRLE et al. (2018).

Unternehmen D plant in Zukunft keine Änderung der aktuellen Situation und entwickelt demnach keine konkreten Maßnahmen zur Erhöhung der Reifestufe. Dennoch kann aus Sicht des Unternehmens folgende Möglichkeit zu einer höheren Reifestufe führen:

- Unternehmensübernahmen innerhalb der eigenen Geschäftsfelder

Für Unternehmen D ist demnach vorstellbar, dass basierend auf Patentinformationen auch Unternehmensübernahmen in eigenen Geschäftsfeldern vorbereitet werden können.

5.4.3   Geschäftsfeldanalyse

Für die Geschäftsfeldanalyse führt Unternehmen D softwaregestützte Analysen durch, die sowohl auf den bibliografischen Daten als auch auf Volltextdaten der Wettbewerber in den Geschäftseinheiten basieren. Auf diese Weise werden Entwicklungen der Wettbewerber bewertet und Patentpotenziale in Gebieten identifiziert, in denen Entwicklungsdefizite des Wettbewerbs erkannt werden. Außerdem werden Umgehungslösungen zu bestehenden Wettbewerbspatenten erarbeitet und es wird bewusst auf Patentierung in einem Gebiet verzichtet, in dem die Wahrscheinlichkeit eines Konfliktes hoch eingeschätzt wird. In ausgewählten Fällen wird eine unter Umständen patentfähige Lösung auch zum Betriebsgeheimnis deklariert. Geschäftsfeldanalysen werden in Unternehmen D intern durch den Leiter des Bereichs Geistiges Eigentum oder durch die Patentmanager in den Geschäftseinheiten durchgeführt. Bei Bedarf werden diese auch an externe Patentanwälte und Dienstleister vergeben. Insgesamt fokussiert die Geschäftsfeldanalyse des Unternehmens hauptsächlich auf die eigenen Geschäftsfelder und weniger auf die Beobachtung über diese hinaus. Dies resultiert aus dem Spezialisierungsgrad der Produkte sowie der Betrachtung der unternehmenseigenen Geschäftsfelder als einem Nischenmarkt. Der Ist-Zustand des Elements Geschäftsfeldanalyse wird daher mit Reifestufe 3 bewertet, die in Zukunft zur Reifestufe 4 ausgebaut werden soll (Abbildung 5-22).

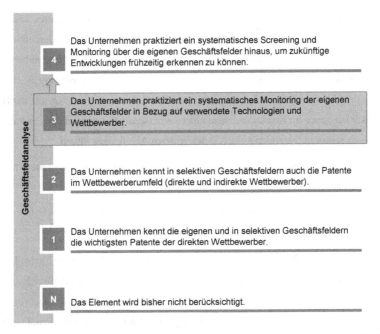

Abbildung 5-22: Ist- und Soll-Zustand des Elements Geschäftsfeldanalyse für Unternehmen D. Quelle: Eigene Darstellung in Anlehnung an MÖHRLE et al. (2018).

Wenngleich in Zukunft keine umfangreiche Erweiterung der Aktivitäten außerhalb der eigenen Geschäftsfelder vorgesehen ist, strebt das Unternehmen im Element Geschäftsfeldanalyse Reifestufe 4 an, um frühzeitig auf generelle Entwicklungstrends im jeweiligen Technologiebereich reagieren zu können. Darüber hinaus sollen gezielt Analysen in eigenen Technologiefeldern durchgeführt werden, die sich mit den direkten Wettbewerbern überschneiden. Zur Erreichung der Reifestufe 4 zählen folgende Maßnahmen:

- SWOT-Analysen in eigenen Technologiefeldern
- Benchmarking gegenüber Wettbewerbstechnologien
- Vermehrte Nutzung von Business Intelligence im Konzern

Eine Analyse der Stärken, Schwächen, Chancen und Risiken bzw. Bedrohungen (engl. *Strengths, Weaknesses, Opportunities, Threats* [SWOT]) soll in Zukunft insbesondere im Hinblick auf eigene und fremde Stärken und Schwächen erfolgen. Auf diese Weise erwartet das Unternehmen, Chancen zur Patentierung in bisher ungeschützten Techno-logiebereichen identifizieren zu können. Eine weitere Maßnahme ist die Durchführung eines patentbasierten Leistungsvergleichs der eigenen Technologien gegenüber den Wettbewerbstechnologien, sodass das Patentmanagement des Unternehmens Hand-lungsempfehlungen aussprechen kann. Zusätzlich soll eine vermehrte Nutzung der Bu-siness Intelligence im Konzern auch zu einer verbesserten Datengrundlage der Patent-abteilung sowie zu Synergien zwischen den anderen Abteilungen führen.

Neben den beschriebenen Maßnahmen nennt Unternehmen D folgende weitere Mög-lichkeiten zur Erreichung einer höheren Reifestufe:

- Nutzung von Patentdaten für das Technologieroadmapping
- Erweiterung der Visualisierungsmethoden

In Unternehmen D gibt es Überlegungen zur Verwendung von Patentdaten für das Tech-nologieroadmapping. Das Technologieroadmapping unterstützt die zukünftige Planung und Ausrichtung des Technologiemanagements und kann durch die Nutzung von Pa-tentdaten fundierte Informationen zu technologischen Entwicklungen ableiten. Darüber hinaus erwartet das Unternehmen, über erweiterte Visualisierungsmethoden, die gene-rierten Informationen einfacher und verständlicher zu vermitteln sowie eine bessere Übersicht zu erhalten.

5.4.4 Stand-der-Technik-Analyse

Das Element Stand-der-Technik-Analyse hat für Unternehmen D eine sehr hohe Rele-vanz, da das Unternehmen in einem starken Wettbewerberumfeld aktiv ist und die je-weiligen Schutzrechte gegenseitig durchgesetzt werden. Dabei wird im Unternehmen Wert daraufgelegt, dass der nächstliegende, nicht zu verletzende Stand der Technik zweifelsfrei ermittelt wird. Daneben ist auch die Ermittlung der Handlungsfreiheit für das Unternehmen von hoher Bedeutung. Dazu wird in der Regel ein externer Patentan-walt hinzugezogen, um eine entsprechende Bewertung vorzunehmen. Diese Bewertung ist im Unternehmen Teil einer Risikobewertung, in der interne Einschätzungen vorge-nommen werden, auf welche die externe Rechtseinschätzung folgt. Beide Einschätzun-gen werden vom Leiter des Bereichs Geistiges Eigentum zu einem Vorstandsbericht verarbeitet, um mögliches Konfliktpotenzial und entsprechende Handlungsempfehlungen darzustellen. Das Element Stand-der-Technik-Analyse wird für Unternehmen D demzufolge mit der Reifestufe 4 bewertet, welche auch in Zukunft gehalten werden soll (Abbildung 5-23).

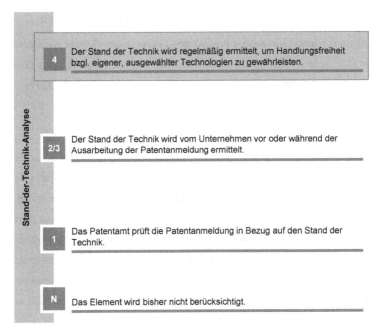

Abbildung 5-23: Ist- und Soll-Zustand des Elements Stand-der-Technik-Analyse für Unternehmen D. Quelle: Eigene Darstellung in Anlehnung an MÖHRLE et al. (2018).

Unternehmen D plant in Zukunft Reifestufe 4 im Element Stand-der-Technik-Analyse zu halten und verfolgt dazu folgende Maßnahmen:

- Erreichung der Handlungsfreiheit über den gesamten Entwicklungsprozess
- Anlehnung des Prozesses zur Sicherstellung der Handlungsfreiheit an den Produktentwicklungsprozess

Um rechtliche sowie wirtschaftliche Auseinandersetzungen zu vermeiden, soll in Zukunft im Unternehmen über den gesamten Entwicklungsprozess Handlungsfreiheit erreicht werden. Als weitere Maßnahme wird der im Unternehmen definierte Prozess zur

Sicherstellung der Handlungsfreiheit an den internen Produktentwicklungsprozess angelehnt.

Zusätzlich zu den geplanten Maßnahmen wird von Unternehmen D folgende, weitere Möglichkeit zur Erreichung einer höheren Reifestufe abgeleitet:

- Analyse des Produktentwicklungsprozesses anhand von IP-Gutachten

Der im Unternehmen vorhandene Produktentwicklungsprozess könnte auf Grundlage der im Unternehmen durchgeführten IP-Gutachten analysiert werden. Dies führt zur Identifikation möglicher Schwachstellen hinsichtlich der Berücksichtigung geistigen Eigentums entlang des Produktentwicklungsprozesses.

5.4.5 Wertermittlung

In Unternehmen D werden nur im begrenzten Maße quantitative Methoden zur Bewertung eigener Patente eingesetzt. Diese quantitativen Methoden zur monetären Bewertung eigener Patente orientieren sich in der Regel am (potenziellen) Umsatz der Produkte, an denen die jeweilige geschützte Erfindung zur Anwendung kommt (komplementär zu den Regelungen aus dem ArbnErfG). Bei Lizenznahmen von Fremdpatenten strebt das Unternehmen nicht die Zahlung einer wiederkehrenden Lizenzgebühr an, sondern eine Einmalzahlung für ein uneingeschränktes Nutzungsrecht der patentierten Erfindung bis zu dessen Erlöschen. Eine solche Einmalzahlung wird im Einzelfall auf außergerichtlichem Wege verhandelt. Die Einmalzahlung erfolgt jedoch nur, wenn die Aussicht gering ist, das Patent über den rechtlichen Weg für nichtig zu erklären, oder wenn der Rechtsweg langwierig und kostenintensiv erscheint. Aufgrund von Unterschieden in den Geschäftseinheiten wird das Element Wertermittlung für Unternehmen D mit der Reifestufe 1 bis 2 bewertet, wobei in Zukunft eine einheitliche Reifestufe 3 angestrebt wird (Abbildung 5-24).

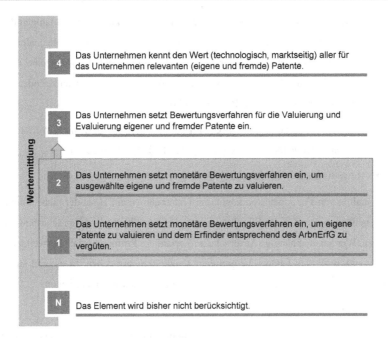

Abbildung 5-24: Ist- und Soll-Zustand des Elements Wertermittlung für Unternehmen D. Quelle: Eigene Darstellung in Anlehnung an MÖHRLE et al. (2018).

Auch in Zukunft erfolgt in Unternehmen D vorrangig die Bewertung eigener Patente. Dazu soll anhand quantitativer und qualitativer Methoden die Technologieführerschaft des eigenen Unternehmens gegenüber Wettbewerbern ermittelt werden. Dazu wird die folgende Maßnahme zur Erreichung der Reifestufe 3 im Element Wertermittlung festgelegt:

- Bewertung auf Basis der Zuordnung zu eigenen Kernkompetenzen

Die qualitative Bewertung soll auf Basis einer Zuordnung der Patente des betrachteten Wettbewerbers zu den unternehmenseigenen Kernkompetenzen erfolgen. Dazu wird eine Patentanmeldestrategie vorausgesetzt, dessen Ausrichtung daraufhin zielen kann, dass 70 % des Patentportfolios die Kernkompetenzen des betrachteten Unternehmens abbilden. Mit diesen Patenten kann das Unternehmen den Wettbewerb effektiv aus Technologiefeldern fernhalten. Weitere 20 % der Patente bilden Alternativen oder Umgehungslösungen zu bestehenden Fremdschutzrechten ab. Die übrigen 10 % der Patente werden als *nice-to-have* bezeichnet, da diese eventuell in Zukunft zu marktfähigen Produkten ausgebaut oder im Schutzrechtsmarkt angeboten werden können. Die qualitative Bewertung sowie der Detaillierungsgrad der Analysen im Hinblick auf einzelne Wettbewerber sind dabei abhängig von den vermuteten Wettbewerberkompetenzen oder dessen inhaltliche Nähe zum eigenen Patentportfolio.

Neben der Maßnahme zur Erreichung einer höheren Reifestufe im Element Wertermittlung wird von Unternehmen D folgende weitere Möglichkeit angesehen:

- Bewertung auf Basis der Einschränkung unabhängiger Patentansprüche

Die Qualität von Fremdpatenten könnte im Unternehmen auf Basis der maßgeblichen Entgegenhaltungen und der Einschränkungen der unabhängigen Ansprüche bewertet werden. Werden unabhängige Ansprüche im Verlauf des Prüfungsverfahrens weiter eingeschränkt, wird dem Patent eine geringere Qualität zugesprochen. Ist es breit aufgestellt, fällt es Wettbewerbern schwerer, eine Umgehungslösung zu erarbeiten.

5.4.6 Zusammenfassung

Unternehmen D strebt Weiterentwicklungen in den drei Intelligence Elementen Informationsnutzung, Geschäftsfeldanalyse und Wertermittlung an. In zwei weiteren Elementen, der Stand-der-Technik-Analyse und Akquisition, sollen die Reifestufen gehalten werden. Insgesamt werden neun konkrete Maßnahmen und fünf weitere Möglichkeiten identifiziert (Tabelle 5-4).

Tabelle 5-4: Ist- und Soll-Zustände sowie Maßnahmen (hellgrau) und Möglichkeiten zur Erreichung der Soll-Zustände für die Patent Intelligence Elemente des Unternehmen D. Quelle: Eigene Darstellung.

Intelligence Elemente	Ist	Soll	Maßnahmen und Möglichkeiten
Informationsnutzung	3	4	▪ Einrichtung eines IP-Wissensmanagements
			▪ Identifikation externer Dienstleister
			▪ Auslagerung des Wissensmanagements
Akquisition	1	1	▪ Unternehmensübernahmen innerhalb der eigenen Geschäftsfelder
Geschäftsfeldanalyse	3	4	▪ SWOT-Analysen in eigenen Technologiefeldern
			▪ Benchmarking gegenüber Wettbewerbstechnologien
			▪ Vermehrte Nutzung von Business Intelligence im Konzern
			▪ Nutzung von Patentdaten für das Technologieroadmapping
			▪ Erweiterung der Visualisierungsmethoden
Stand-der-Technik-Analyse	4	4	▪ Erreichung der Handlungsfreiheit über den gesamten Entwicklungsprozess
			▪ Anlehnung des Prozesses zur Sicherstellung der Handlungsfreiheit an den Produktentwicklungsprozess
			▪ Analyse des Produktentwicklungsprozesses anhand von IP-Gutachten
Wertermittlung	1 bis 2	3	▪ Bewertung auf Basis der Zuordnung zu Kernkompetenzen
			▪ Bewertung auf Basis der Einschränkung unabhängiger Patentansprüche

5.5 Fallstudienübergreifende Analyse

Eine fallstudienübergreifende Analyse zeigt Ähnlichkeiten und Unterschiede der betrachteten Unternehmen im Hinblick auf die Patent Intelligence Elemente auf und führt zu einem umfangreichen Verständnis, welches über die Interpretation der einzelnen Fallstudien hinausgeht. Tabelle 5-5 zeigt die Bewertung der Unternehmen im Hinblick auf die Patent Intelligence Elemente.[19] Die Gemeinsamkeiten und Unterschiede zwischen den Unternehmen betreffen die Aufbau- und Ablauforganisation der Patent Intelligence und können auf die spezifischen Merkmale der Unternehmen zurückgeführt werden.

Tabelle 5-5: Bewertung der Unternehmen anhand der Reifestufen der Intelligence Elemente des 7D Reifegradmodells. Quelle: Eigene Darstellung.

Intelligence Elemente	Unternehmen A		Unternehmen B		Unternehmen C		Unternehmen D	
	Ist	Soll	Ist	Soll	Ist	Soll	Ist	Soll
Informationsnutzung	3	4	2 bis 3	3	3	-	3	4
Akquisition	2/3	2/3	N	N	N	-	1	1
Geschäftsfeldanalyse	3	4	1 bis 2	3	2	-	3	4
Stand-der-Technik-Analyse	2/3	2/3	4	4	4	-	4	4
Wertermittlung	1	1	1	1	2	-	1 bis 2	3

5.5.1 Gemeinsamkeiten

Die vier betrachteten Unternehmen weisen im Hinblick auf die Aufbauorganisation der Patent Intelligence verschiedene Gemeinsamkeiten auf. Eine Gemeinsamkeit liegt darin, dass es in allen Unternehmen zentrale und dezentrale Ansprechpartner für Patentthemen gibt, die bei Bedarf zur Unterstützung der Patent Intelligence externe Patentanwälte oder Dienstleister beauftragen. Die zentralen Ansprechpartner in den Unternehmen sind als Stabsstelle in die Aufbauorganisation integriert und unterstützen die dezentralen Ansprechpartner, die in den Geschäftseinheiten tätig sind. Die zentralen Ansprechpartner verantworten zusätzlich den Informations- und Wissensaustausch.

---

[19] Unternehmen C wird bei der Betrachtung von Soll-Zuständen ausgeschlossen.

Im Hinblick auf die Ablauforganisation der Patent Intelligence fallen weitere Gemeinsamkeiten auf. Für die Patent Intelligence nutzen alle Unternehmen eine Kombination aus frei verfügbaren Patentdatenbanken und kommerziellen Softwareprodukten. Die kommerziellen Softwareprodukte werden auf Basis der jeweiligen Bedürfnisse des Unternehmens ausgewählt bzw. an die Bedürfnisse der Unternehmen angepasst. In die kommerziellen Softwareprodukte sind bei allen Unternehmen Suchstrings implementiert, anhand derer die Patentaktivitäten ausgewählter Technologien oder spezifischer Wettbewerber überwacht werden.

Die Gemeinsamkeiten in der Aufbau- und Ablauforganisation führen zu Gemeinsamkeiten in den Ist- und Soll-Zuständen der Patent Intelligence Elemente. Erkennbar ist, dass alle Unternehmen im Element Informationsnutzung verhältnismäßig hohe Reifestufen erreichen, dennoch eine höhere Reifestufe anstreben. Auch in der Stand-der-Technik-Analyse erreichen alle Unternehmen hohe Reifestufen. Diese sollen in Zukunft gehalten bzw. ausgebaut werden, woraus sich eine hohe Relevanz des Elements für die Unternehmen ableiten lässt. Weiterhin streben alle Unternehmen im Element Geschäftsfeldanalyse eine Erhöhung der Reifestufe an. Die Unternehmen sehen offenbar Potenzial im Bereich der Geschäftsfeldanalyse und somit auch in der Nutzung von Patentinformationen über den Schutz des eigenen Unternehmens hinaus. Dies zeigen auch die entsprechenden Maßnahmen zur Weiterentwicklung. Beispielsweise nennt Unternehmen A als Maßnahme zur Erhöhung der Reifestufen die Beobachtung und den Test marktreifer Softwareprodukte, welche auch die Geschäftsfeldanalyse unterstützen. Das Element Akquisition scheint für die meisten Unternehmen eine untergeordnete Rolle zu spielen, da die verhältnismäßig niedrigen Reifestufen in allen Unternehmen gehalten werden sollen. Ähnlich zur Akquisition scheint auch die Wertermittlung in den meisten Unternehmen eine untergeordnete Rolle zu spielen. Aus den Experteninterviews ist jedoch ersichtlich, dass die Unternehmen offenbar generelle Schwierigkeiten bei der monetären Bewertung eigener und fremder Patente haben. Außerdem geht hervor, dass für das Element Wertermittlung Patentinformationen eine untergeordnete Rolle spielen, da der quantitative und qualitative Wert häufig umsatz- bzw. kostenorientiert ermittelt wird. Abschließend ist festzustellen, dass die Unternehmen sich bereits gut aufgestellt sehen, da selektive Verbesserungen und keine großen Sprünge sowie keine Entwicklung zu niedrigeren Reifestufen in den Elementen anstrebt werden.

5.5.2 Unterschiede

Neben den Gemeinsamkeiten fallen auch Unterschiede im Hinblick auf die Aufbau- und Ablauforganisation der Patent Intelligence auf. Einen Unterschied in der Aufbauorganisation stellt die Zuordnung von Ansprechpartnern zu Unternehmensfunktionen dar, auch wenn diese in allen Unternehmen als Stabsstellen in die Aufbauorganisation integriert sind. Unternehmen A und Unternehmen C ordnen die zentralen Ansprechpartner dem Innovationsmanagement zu, Unternehmen B dem Technologiemanagement. In Unternehmen D hingegen berichten die zentralen Ansprechpartner direkt dem Vorstand. In Unternehmen A und B verantworten die zentralen und dezentralen Ansprechpartner das Patentmanagement zu großen Teilen unabhängig von weiteren Schutzrechten (IP-Management), in Unternehmen C und D hingegen als eine Einheit. Außerdem arbeiten für die Unternehmen B, C und D die dezentralen Ansprechpartner in den Geschäftseinheiten an Patentthemen als Nebentätigkeit (für Unternehmen C und D auch an IP-Themen). In Unternehmen B ist das Arbeiten an Patentthemen auch für den zentralen Ansprechpartner eine Nebentätigkeit, die etwa 30 % seiner Arbeit ausmachen. In Unternehmen A hingegen arbeiten nicht nur die zentralen, sondern auch die dezentralen Ansprechpartner nahezu vollzeitig an Patentthemen.

Ein weiterer Unterschied liegt in der Beschäftigung von internen Patentanwälten. Unternehmen A, C und D beschäftigen interne Patentanwälte, die jeweils die zentralen Ansprechpartner für Patentthemen darstellen. In Unternehmen B unterstützen ein interner Anwalt sowie externe Patentanwälte den Patentmanager bei rechtlichen Fragestellungen. Im Unterschied zu Unternehmen B werden in den anderen Unternehmen in regelmäßigen Abständen IP- bzw. Patentkomitees gebildet, um die zentralen und dezentralen Ansprechpartner zu unterstützen sowie fremde Patente bzw. Patentanmeldungen und eigene Erfindungsmeldungen zu analysieren. Unternehmen A unterscheidet bei den Komitees weiterhin zwischen dem operativen und dem strategischen Patentkomitee.

Im Hinblick auf die Ablauforganisation der Patent Intelligence fallen weitere Unterschiede zwischen den Unternehmen auf. In den Unternehmen wird eine unterschiedliche

Anzahl und Art kommerzieller Softwareprodukte verwendet, die an die spezifischen Bedürfnisse der Unternehmen sowie bei Verwendung mehrerer Softwareprodukte in einem Unternehmen, an die Bedürfnisse der Geschäftseinheiten angepasst werden. Zu den meisten dieser Softwareprodukte hat in den Unternehmen nur ein ausgewählter Personenkreis Zugriff. Außerdem unterscheiden sich die Abläufe der Patent Intelligence im Hinblick auf die beteiligten Akteure. Zur Ermittlung des Standes der Technik wird beispielsweise in Unternehmen A das Patentamt bei jeder Patentanmeldung beauftragt. Die Handlungsfreiheit wird jedoch in Unternehmen A durch den strategischen Patentmanager sowie die internen Patentanwälte sichergestellt und bei Bedarf durch externe Patentanwälte unterstützt. In den übrigen Unternehmen wird der Stand der Technik in der Regel nicht bei jeder Patentanmeldung vom Patentamt ermittelt, sondern bereits im Vorfeld durch interne Patentmanager und -anwälte sowie bei Bedarf durch externe Patenanwälte. Auch weitere Abläufe unterscheiden sich, da für die Patent Intelligence unterschiedliche Mittel zur Verfügung stehen und unterschiedliche interne und externe Akteure einbezogen werden.

Die Unterschiede in der Aufbau- und Ablauforganisation führen auch zu Unterschieden in den Ist- und Soll-Zuständen der Patent Intelligence Elemente, die bei genauerer Betrachtung der Reifestufen deutlich werden. Im Element Informationsnutzung liegt Unternehmen B zwischen Reifestufe 2 und 3, da Unterschiede in den Geschäftseinheiten vorherrschen. In Zukunft strebt das Unternehmen für alle Geschäftseinheiten Reifestufe 3 an, auf der sich bereits alle weiteren untersuchten Unternehmen befinden. Im Element Akquisition wird Unternehmen A mit Reifestufe 2/3 bewertet, die Unternehmen B und C jeweils mit Reifestufe N und Unternehmen D mit Reifestufe 1. In der Stand-der-Technik-Analyse befindet sich Unternehmen A auf Reifestufe 2/3, alle weiteren auf Reifestufe 4. Bei der Stand-der-Technik-Analyse ist vor allem auffällig, dass trotz unterschiedlichem Einsatz von Mitteln ähnlich hohe Reifestufen von allen Unternehmen erreicht werden. In der Wertermittlung werden Unternehmen A und B Reifestufe 1 zugeordnet, Unternehmen C Reifestufe 2 und Unternehmen D Reifestufe 1 bis 2. Lediglich Unternehmen D strebt in diesem Element eine höhere Reifestufe an.

Weitere Unterschiede liegen in den Maßnahmen, die zur Erreichung einer höheren Reifestufe entwickelt werden. Während Unternehmen A den Fokus auf marktreife Softwareprodukte sowie die Analyse interner Innovationsthemen legt, werden in Unternehmen B hauptsächlich Maßnahmen entwickelt, die auf eine verbesserte Kommunikation, einheitliche Abläufe sowie Klärung von Verantwortungsbereichen ausgerichtet sind. Unternehmen D hingegen plant in Zukunft die Beziehungen zu externen Dienstleistern auszubauen und eine interne Wissensdatenbank zu entwickeln. Abschließend ist festzustellen, dass die Unternehmen sich vor allem darin unterscheiden, dass sie Verbesserungen in Bereichen anstreben, die an die jeweiligen Fähigkeiten und Mittel für die Patent Intelligence sowie die Bedürfnisse angepasst sind. Dies spiegelt sich auch in den Maßnahmen zur Verbesserung wider.

5.5.3   Gründe für Gemeinsamkeiten und Unterschiede

Aus der Gegenüberstellung der Gemeinsamkeiten und Unterschiede im Hinblick auf die Aufbau- und Ablauforganisation der Patent Intelligence sowie den Ist- und Soll-Zuständen der Patent Intelligence Elemente können entsprechende Gründe abgeleitet werden. Die Gründe für Gemeinsamkeiten und Unterschiede können auf die spezifischen Merkmale der Unternehmen zurückgeführt werden. Zu diesen gehören der Unternehmenstyp, der Hauptsitz, der Umsatz sowie die Anzahl der Mitarbeiter. Weitere Merkmale, auf welche die Gemeinsamkeiten und Unterschiede zurückgeführt werden können, sind die Geschäftsfelder, in denen die Unternehmen aktiv sind, die Anzahl der Patentfamilien, die das Unternehmen während seiner Geschäftstätigkeit erzeugt hat, sowie die Anzahl an Vollzeitäquivalenten, die im Unternehmen für Patentthemen verantwortlich sind.

Unternehmen A ist ein international ausgerichteter Technologiezulieferer mit Hauptsitz in Deutschland. Es besteht aus fünf Geschäftseinheiten, in denen Produkte unterschiedlicher Art und technologischer Herkunft hergestellt werden. Unternehmen A beschäftigt 15.000 Mitarbeiter weltweit, die einen Jahresumsatz von etwa 3.000 Mio. € erwirtschaften. Unternehmen A ist in Geschäftsfeldern aktiv, in denen starker Wettbewerb herrscht. Insgesamt erzeugte Unternehmen A über 1.000 Patentfamilien, die von 15 Vollzeitäquivalenten verwaltet werden. Die 15 Vollzeitäquivalente verteilen sich auf eine zentrale Patentabteilung sowie auf die Geschäftseinheiten des Unternehmens, in denen darüber hinaus operative und strategische Patentkomitees geschaffen wurden. In Unternehmen

A liegt offenbar ein komplexes Zusammenspiel zwischen den verschiedenen Akteuren vor, die an der Patent Intelligence beteiligt sind. Dies erfordert ein hohes Maß an Kommunikation und führt zu Schwierigkeiten in der Koordination der Patent Intelligence. Dementsprechend beschäftigt das Unternehmen eine im Vergleich zur Mitarbeiterzahl hohe Anzahl an Vollzeitäquivalenten für Patentthemen, die jeweils auf spezifische Geschäftseinheiten sowie Geschäftsfelder spezialisiert sind.

Unternehmen B beschäftigt als Maschinenbauer 1.000 Mitarbeiter, die einen Jahresumsatz von etwa 100 Mio. € erwirtschaften. Mit Hauptsitz in Deutschland entwickelt und produziert Unternehmen B Maschinen und Anlangen, welche auf Basis einer spezifischen Technologie für die Herstellung von Produkten unterschiedlicher Art verwendet werden. Unternehmen B verfolgt eine sogenannte *Blue-Ocean* Strategie, indem es sich auf Geschäftsfelder konzentriert, in denen ein schwacher Wettbewerb vorherrscht oder Geschäftsfelder selber neu schafft. Insgesamt hat das Unternehmen etwa 100 Patentfamilien erzeugt und beschäftigt für Patentthemen ein Vollzeitäquivalent, welches sich aus einem zentralen Patentmanager und weiteren Patentverantwortlichen in den Geschäftseinheiten zusammensetzt. Unternehmen B fällt die Koordination der Patent Intelligence offenbar leichter als den anderen Unternehmen. Darüber hinaus scheint die Patent Intelligence aufgrund der *Blue-Ocean* Strategie des Unternehmens weniger komplex, da weniger Wettbewerber und Technologien im Hinblick auf Patentaktivitäten überwacht werden müssen. Dies erklärt außerdem die hohe Relevanz des Elements Stand-der-Technik-Analyse, da die Entwicklung neuer Produkte (und entsprechender Patente) für neue Märkte die Ermittlung des Standes der Technik sowie die Sicherung der eigenen Handlungsfreiheit bedingt. Weiterhin erklärt die *Blue-Ocean* Strategie die untergeordnete Relevanz des Elements Akquisition, da das Unternehmen eine niedrige Patentaktivität in den Geschäftsfeldern und somit wenige Patentinformationen zu potenziellen Partnern und Kunden erwartet.

Unternehmen C ist ein börsennotierter Technologiedienstleister mit Hauptsitz in Deutschland. Das Unternehmen bietet ein breites Spektrum an Technologiedienst- und Beratungsleistungen innerhalb einer Industrie an. Insgesamt besteht das Unternehmen aus sieben Geschäftseinheiten, die weltweit 25.000 Mitarbeiter beschäftigen und einen

Jahresumsatz von etwa 4.500 Mio. € erwirtschaften. Unternehmen C agiert in Geschäftsfeldern, die einen stärker werdenden Wettbewerb verzeichnen. Dies ist vor allem auf in die Geschäftsfelder dringende, global agierende Unternehmen zurückzuführen. Unternehmen C hat im Laufe seiner Geschäftstätigkeit 200 Patentfamilien erzeugt und beschäftigt sechs Vollzeitäquivalente für Patentthemen. Diese arbeiten sowohl zentral im IP- und Patentmanagement, als auch dezentral in den Geschäftseinheiten des Unternehmens. Insbesondere aufgrund der in den Markt dringenden, global agierenden Wettbewerber sind die Patentaktivitäten des Unternehmens in den vergangenen Jahren angestiegen. Dies erklärt die verhältnismäßig geringe Anzahl an Patenten sowie Vollzeitäquivalenten für Patentthemen im Vergleich zu den Mitarbeitern. Durch die Hinzuziehung externer Patentanwälte und Dienstleister können dennoch ähnliche Reifestufen in den Patent Intelligence Elementen erreicht werden, wie bei den weiteren Unternehmen.

Unternehmen D ist als Investitionsgüterhersteller ein global agierendes Unternehmen mit Hauptsitz in den USA. Es ist in drei Geschäftseinheiten organisiert, die Produkte ähnlicher Funktion herstellen. Insgesamt beschäftigt das Unternehmen 5.000 Mitarbeiter und erzielt einen Jahresumsatz von etwa 1.500 Mio. €. Unternehmen D ist in Geschäftsfeldern aktiv, die von einem starken Wettbewerb geprägt sind, der vor allem durch wenige, global agierende Unternehmen ausgetragen wird. Unternehmen D hat insgesamt 500 Patentfamilien erzeugt und beschäftigt drei Vollzeitäquivalente für Patentthemen. Dazu gehören Mitarbeiter in dezentralen IP-Komitees sowie ein zentraler Leiter des Bereichs Geistiges Eigentum. Aufgrund des starken Wettbewerbs lässt sich die hohe Reifestufe im Element Stand-der-Technik-Analyse erklären. Die Austragung des Wettbewerbs durch wenige, global agierende Unternehmen bedingt möglicherweise auch eine hohe Reifestufe im Element Geschäftsfeldanalyse und lässt vermuten, dass die Koordination der Patent Intelligence im Unternehmen weniger komplex ist, als in den Unternehmen A und C. Eine Herausforderung stellt allerdings die direkte Kommunikation zwischen den dezentralen Ansprechpartnern für Patentthemen sowie die Einführung ähnlicher Abläufe für die Patent Intelligence dar, da die Geschäftseinheiten des Unternehmens in unterschiedlichen Zeitzonen agieren.

Der Vergleich der Unternehmen zeigt, dass Unternehmen B als einziges Unternehmen keine internen Patentanwälte beschäftigt und ohne dezentrale Komitees auskommt. Mit einem Vollzeitäquivalent und 100 Patentfamilien liegt Unternehmen D im Verhältnis zur Mitarbeiterzahl jedoch über dem Durchschnitt der Werte der anderen Unternehmen. Möglicherweise kann Unternehmen B auf interne Patentanwälte sowie dezentrale Komitees verzichten, da der Patentmanager dauerhaft in die Produktentwicklung integriert ist und diese Produkte auf einer spezifischen Technologie basieren. Ein weiterer Vergleich der Unternehmen zeigt, dass Unternehmen A als einziges Unternehmen sowohl operative als auch strategische Komitees in die Geschäftseinheiten integriert hat und für die Geschäftseinheiten ein Ansprechpartner zur Verfügung steht, der nahezu ausschließlich an Patentthemen arbeitet. Dies ist möglicherweise auf die starke Wettbewerbersituation in allen Geschäftsfeldern, in denen das Unternehmen aktiv ist, zurückzuführen. Im Verhältnis zur Mitarbeiterzahl beschäftigt Unternehmen A jedoch gleichviele Vollzeitäquivalente für Patentthemen wie Unternehmen B. Unternehmen C und D beschäftigen entsprechend weniger. Aufgrund ähnlicher Reifestufen in den Patent Intelligence Elementen werden in diesen beiden Unternehmen möglicherweise häufiger externe Akteure für die Patent Intelligence beauftragt.

Der fallstudienübergreifende Vergleich zeigt, dass die Patent Intelligence Elemente des 7D Reifegradmodells eine nützliche Hilfestellung zur Analyse der Patent Intelligence darstellen. Die Reifestufen der Patent Intelligence Elemente können von Unternehmen genutzt werden, um Stärken und Schwächen sowie Maßnahmen zur Entwicklung abzuleiten. Die Fallstudien zeigen außerdem, dass das 7D Reifegradmodell in der Dimension Intelligence auch von Unternehmen angewendet werden kann, denen unterschiedliche Mittel für die Patent Intelligence zur Verfügung stehen

5.6   Diskussion der Patent Intelligence Elemente des 7D Reifegradmodells

Laut dem Vorgehensmodell nach BECKER et al. (2009) folgt im Anschluss an die iterative Reifegradmodellentwicklung und -anwendung die Durchführung einer Evaluation.[20] Eine derartige Evaluation wird in diesem Abschnitt für das 7D Reifegradmodell
in der Dimension Intelligence vorgenommen.

Im Allgemeinen ermöglicht die Durchführung der Fallstudien eine Darstellung spezifischer Entwicklungsmaßnahmen in den einzelnen Patent Intelligence Elementen. Das
7D Reifegradmodell erhält dadurch in der Dimension Intelligence einen präskriptiven
Charakter (vgl. hierzu Pöppelbuß und Röglinger, 2011). Dieser präskriptive Charakter
kann Anwender allerdings zu der Annahme verleiten, dass eine höhere Reifestufe eine
bessere Reifestufe für das Unternehmen darstellt und dass das Ziel des Unternehmens
sein sollte, die höchsten Reifestufen zu erreichen (Wustmans et al., under review). Der
präskriptive Charakter, welcher der Dimension Intelligence durch das Aufzeigen von
Wegen zu höheren Reifestufen zugesprochen wird, kann weiteren Unternehmen jedoch
als Anregung für spezifische, weitere Entwicklungsmaßnahmen dienen, welche an die
bereits vorhandenen Fähigkeiten und Mittel für die Patent Intelligence sowie die Bedürfnisse der Unternehmen angepasst werden.

In der Evaluation der Dimension Intelligence werden weiterhin die Elemente sowie Reifestufen in ihrer Vollständigkeit sowie Anwendbarkeit in der unternehmerischen Praxis
überprüft. Die Ergebnisse der Fallstudien zeigen, dass es den vier Unternehmen möglich
ist, sich den Reifestufen der betrachteten Elemente zuzuordnen und anhand der Reifestufen entsprechende Maßnahmen zur Entwicklung abzuleiten. Dies spricht zunächst für
eine hohe Unabhängigkeit der einzelnen Elemente sowie der einzelnen Reifestufen in
den Elementen. Für einige Unternehmen kommt es jedoch bei bestimmten Elementen
zu einer Zuordnung zu mehreren Reifestufen. Dies ist zum einen darauf zurückzuführen,
dass einzelne Geschäftseinheiten des Unternehmens nicht derselben Reifestufe zugeordnet werden können, zum anderen bedingt durch die Zielgruppe (Unternehmen mittlerer

---

[20] Vor der Durchführung einer Evaluation erfolgen die Konzeption von Transfer und Evaluation sowie die Implementierung der Transfermittel (Becker et al., 2009). Dies wird durch Kommunikation und Publikation des Reifegradmodells auf Fachkonferenzen, in Fachzeitschriften sowie einem Fachbuch realisiert (vgl. hierzu Moehrle et
al., 2017a; Walter et al., 2017b; Wustmans und Möhrle, 2017; Möhrle et al., 2018; Wustmans et al., under review).

Größe, die in einem Geschäftsfeld aktiv sind) des 7D Reifegradmodells (Möhrle et al., 2018). Zudem treten weitere Schwierigkeiten in der Zuordnung der Unternehmen zu Reifestufen auf, die nicht auf Unterschieden in den Geschäftseinheiten oder die Zielgruppe des 7D Reifegradmodells zurückführbar sind. Nachfolgend werden daher die einzelnen Elemente mit Blick auf die Reifestufen sowie unter Berücksichtigung der Ergebnisse der Fallstudien diskutiert.

5.6.1 Informationsnutzung

Die Ergebnisse der Fallstudien zeigen, dass die Reifestufen des Elements Informationsnutzung zur Bestimmung des Ist- und Soll-Zustands sowie zur Ableitung von Entwicklungsmaßnahmen genutzt werden können und auch die gewählten Gestaltungsaspekte der Morphologie zu einer sinnvollen Unterscheidung zwischen den Reifestufen beitragen. Lediglich bei Unternehmen B kommt es zu einer Zuordnung zu Reifestufe 2 bis 3, welche aus Unterschieden zwischen den einzelnen Geschäftseinheiten des Unternehmens resultiert.

5.6.2 Akquisition

Im Element Akquisition treten Schwierigkeiten bei der Zuordnung zu Reifestufen in Unternehmen A auf. Unternehmen A nutzt Patentinformationen nicht, um potenzielle Partner, Zulieferer, Kunden, Einzelpersonen oder Start-Ups zu identifizieren, sondern ausschließlich zur Analyse im Anschluss an eine Identifikation, die über Informationen außerhalb von Patenten erfolgt.[21] Die Reifestufen des Elements werden daher angepasst. Einen Vorschlag zur Anpassung der Reifestufen im Element Akquisition zeigt Tabelle 5-6, welcher die Gestaltungsaspekte Spektrum und Wahrnehmung berücksichtigt (vgl. Element Geschäftsfeldanalyse in Kapitel 3.4.3 sowie MÖHRLE et al. (2018)).

---

[21] Weitere Informationen stammen beispielsweise aus Online-Recherchen, von Messen und Konferenzen oder aus Kundengesprächen (vgl. hierzu auch Kapitel 2.3.1, Business und Technologie Intelligence).

Tabelle 5-6: Überarbeitete Reifestufen des Elements Akquisition. Quelle: Eigene Darstellung.

Reifestufe	Akquisition
4	Das Unternehmen praktiziert ein systematisches Screening und Monitoring über die eigenen Geschäftsfelder hinaus, um Akquisitionen vorzubereiten.
3	Das Unternehmen praktiziert ein systematisches Screening und Monitoring eigener Geschäftsfelder, um Akquisitionen vorzubereiten.
2	Das Unternehmen analysiert das Patentportfolio potentieller Partner, Zulieferer, Kunden, Einzelpersonen sowie Start-Ups, um Akquisitionen zu unterstützen.
1	Das Unternehmen entdeckt zufällig relevante Patente von Partnern, Zulieferern, Kunden, Einzelpersonen sowie Start-Ups und stößt Akquisitionen an.
N	Das Element wird bisher nicht berücksichtigt.

5.6.3 Geschäftsfeldanalyse

Im Element Geschäftsfeldanalyse kommt es erneut für Unternehmen B zu einer Zuordnung zwischen zwei Reifestufen. Dies ist in diesem Fall allerdings nicht ausschließlich auf Unterschiede in den Geschäftseinheiten zurückzuführen, sondern auch bedingt durch Unterschiede in der Analyse von Technologien und Wettbewerbern. Die anderen Unternehmen unterscheiden in der Geschäftsfeldanalyse ebenfalls zwischen der Analyse von Technologien und Wettbewerbern. Dies ist unter anderem an den Suchstrings erkennbar, welche in die kommerziellen Softwareprodukte implementiert werden. Das Element Geschäftsfeldanalyse wird demnach in die Ausprägungen Technologie und Wettbewerb unterteilt und die Reifestufen entsprechend angepasst (Tabelle 5-7).

Tabelle 5-7: Überarbeitete Reifestufen des Elements Geschäftsfeldanalyse in den Ausprägungen Technologie und Wettbewerb. Quelle: Eigene Darstellung.

Reifestufe	Geschäftsfeldanalyse	
	Technologie	Wettbewerb
4	Das Unternehmen praktiziert ein systematisches Screening und Monitoring über die eigenen Geschäftsfelder hinaus, um zukünftige Entwicklungen in relevanten Technologien frühzeitig zu erkennen.	Das Unternehmen praktiziert ein systematisches Screening und Monitoring über die eigenen Geschäftsfelder hinaus, um zukünftige Entwicklungen relevanter Wettbewerber frühzeitig zu erkennen.
3	Das Unternehmen praktiziert ein systematisches Monitoring der eigenen Geschäftsfelder in Bezug auf relevante Technologien.	Das Unternehmen praktiziert ein systematisches Monitoring der eigenen Geschäftsfelder in Bezug auf relevante Wettbewerber.
2	Das Unternehmen kennt in selektiven Geschäftsfeldern die Patente in Bezug auf eigene Technologien.	Das Unternehmen kennt in selektiven Geschäftsfeldern die Patente im direkten und indirekten Wettbewerberumfeld.
1	Das Unternehmen kennt die eigenen und wichtigsten Patente in selektiven Technologiefeldern.	Das Unternehmen kennt die eigenen und in selektiven Geschäftsfeldern die wichtigsten Patente der direkten Wettbewerber.
N	Das Element wird bisher nicht berücksichtigt.	Das Element wird bisher nicht berücksichtigt.

5.6.4 Stand-der-Technik-Analyse

Die untersuchten Unternehmen unterscheiden zwischen der Ermittlung des Stands der Technik, der Analyse der Handlungsfreiheit und der Ermittlung von Patentverletzungen. Dies führt zu Problemen im Element Stand-der-Technik-Analyse im Hinblick auf die Abgrenzbarkeit des Elements zu weiteren Elementen der Dimension Durchsetzung des 7D Reifegradmodells und betrifft vor allem die Reifestufe 4 des Elements. Tabelle 5-8 zeigt eine entsprechende Anpassung der Reifestufe.

Zusätzlich zum Element Stand-der-Technik-Analyse können Unternehmen bei Bedarf die Elemente Schutzbereichswahrung und Verletzungswahrnehmung der Dimension Durchsetzung nutzen, wenn diese einen Teil der unternehmensinternen Patent Intelligence darstellen. Tabelle 5-9 zeigt die Reifestufen der Elemente Schutzbereichswahrung und Verletzungswahrnehmung.

Tabelle 5-8: Überarbeitete Reifestufen des Elements Stand-der-Technik-Analyse. Quelle: Eigene Darstellung.

Reifestufe	Stand-der-Technik-Analyse
4	Der Stand der Technik wird in Bezug auf unternehmensrelevante Technologien regelmäßig ermittelt, um eigene FuE-Aktivitäten strategisch auszurichten.
2/3	Der Stand der Technik wird vom Unternehmen vor oder während der Ausarbeitung einer Patentanmeldung ermittelt.
1	Das Patentamt prüft die Patentanmeldung in Bezug auf den Stand der Technik.
N	Das Element wird bisher nicht berücksichtigt.

Tabelle 5-9: Reifestufen der Elemente Schutzbereichswahrung und Verletzungswahrnehmung der Dimension Durchsetzung. Quelle: Eigene Darstellung in Anlehnung an MÖHRLE et al. (2018).

Reifestufe	Schutzbereichswahrung	Verletzungswahrnehmung
4	Eine spezifische Unternehmenseinheit oder ein externer Dienstleister sucht aktiv nach Einschränkungen durch Patentanmeldungen im internationalen Umfeld und geht strategisch orientiert gegen diese vor.	Es erfolgt eine kontinuierliche Zusammenarbeit zwischen dem Patentmanagement und Mitarbeitern weiterer Abteilungen bzgl. der Wahrnehmung und des Umgangs mit Patentverletzungen. Dabei achten die geschulten Mitarbeiter aktiv auf Produktangriffe und sichern entsprechende Beweise.
2/3	Es wird aktiv nach Einschränkungen durch Patentanmeldungen von Wettbewerbern in ausgewählten Geschäftsbereichen gesucht und strategisch orientiert gegen diese vorgegangen.	Die Patentverantwortlichen schulen zu gegebenen Anlässen (z.B. Messen) Mitarbeiter (bspw. aus dem Vertrieb) hinsichtlich der Wahrnehmung von Patentverletzungen.
1	Einschränkungen durch Patentanmeldungen von Wettbewerbern werden vereinzelt entdeckt und es wird mit Hilfe eines externen Anwalts gegen diese vorgegangen.	Die Patentverantwortlichen erfahren (bspw. vom Vertrieb) zufällig von einem gleichen Produkt eines Wettbewerbers und überprüfen mögliche Schutzrechtkollisionen.
N	Das Element wird bisher nicht berücksichtigt.	Das Element wird bisher nicht berücksichtigt.

5.6.5   Wertermittlung

Die Ergebnisse der Fallstudien zeigen, dass die Unternehmen zwischen monetären und qualitativen Bewertungsverfahren unterscheiden und häufiger qualitative als monetäre Bewertungsverfahren nutzen, um den Wert einer Erfindung, einer Patentanmeldung oder eines Patents zu bestimmen. Folglich wird im Element Wertermittlung zwischen den Ausprägungen Monetäre Bewertung und Qualitative Bewertung unterschieden (Tabelle 5-10).

Tabelle 5-10: Überarbeitete Reifestufen des Elements Wertermittlung in den Ausprägungen Monetäre Bewertung und Qualitative Bewertung. Quelle: Eigene Darstellung.

| Reifestufe | Wertermittlung | |
	Monetäre Bewertung	Qualitative Bewertung
4	Das Unternehmen kennt den monetären Wert aller für das Unternehmen relevanter (eigener und fremder) Patente.	Das Unternehmen kennt den technologischen Wert aller für das Unternehmen relevanter (eigener und fremder) Patente.
3	Das Unternehmen setzt monetäre Bewertungsverfahren zur Valuierung eigener und ausgewählter fremder Patente ein.	Das Unternehmen setzt qualitative Bewertungsverfahren zur Evaluierung eigener und ausgewählter fremder Patente ein.
2	Das Unternehmen setzt monetäre Bewertungsverfahren zur Valuierung eigener Patente ein.	Das Unternehmen setzt qualitative Bewertungsverfahren zur Evaluierung eigener Patente ein.
1	Das Unternehmen setzt monetäre Bewertungsverfahren ein, um Erfinder entsprechend des ArbnErfG zu vergüten.	Das Unternehmen setzt qualitative Bewertungsverfahren ein, um Erfindungsmeldungen zu bewerten.
N	Das Element wird bisher nicht berücksichtigt.	Das Element wird bisher nicht berücksichtigt.

Unternehmen können demnach zur Analyse der Patent Intelligence die fünf Elemente und entsprechenden Ausprägungen nutzen, welche bei Bedarf um die zwei Elemente Schutzbereichswahrung sowie Verletzungswahrnehmung der Dimension Durchsetzung ergänzt werden. Dabei gilt es zu beachten, dass die Beschreibungen der Elemente und Reifestufen in erster Linie als Vorschlag zu verstehen sind, welcher von Unternehmen als Grundlage zur Analyse von Fähigkeiten genutzt werden kann. Im Vorfeld der Anwendung des 7D Reifegradmodells ist es daher ratsam, die Elemente sowie Reifestufen im Hinblick auf die Passung zur Unternehmensumgebung zu überprüfen (Möhrle et al., 2018).

6 Iterativer Ablauf der Patent Intelligence

Die Patent Intelligence Elemente des 7D Reifegradmodells unterstützen Unternehmen bei der Erfassung und Definition der Ist- und Soll-Zustände sowie der Ableitung von Entwicklungsmaßnahmen. Das 7D Reifegradmodell legt dazu bewusst den Fokus auf einzelne Elemente, die voneinander abgegrenzt bzw. unabhängig voneinander betrachtet werden können. Um das Zusammenspiel der Elemente in der unternehmerischen Praxis aufzuzeigen, wird in diesem Kapitel die Ablauforganisation der Patent Intelligence näher betrachtet und die fünfte forschungsleitende Fragestellung adressiert:

F5:   In welchem Zusammenhang stehen die Patent Intelligence Fähigkeiten?

Zur Beantwortung der Fragestellung wird ein allgemeiner, operativer Ablauf der Patent Intelligence in der unternehmerischen Praxis beschrieben. Aus den Experteninterviews folgt, dass die Überführung der Patentinformationen in unternehmensrelevantes Wissen und demnach die Beantwortung der patentbezogenen Fragestellung des Auftraggebers der Patent Intelligence in der Regel iterativ abläuft. Dies geht auch aus ALBERTS et al. (2017) hervor. Folglich werden in diesem Kapitel Möglichkeiten aufgezeigt, wie der iterative Ablauf der Patent Intelligence abgebildet werden kann, anhand derer das Zusammenspiel der Patent Intelligence Elemente verdeutlicht wird. Eine derartige Möglichkeit besteht in der Abbildung der Patent Intelligence als iterativer Prozess; eine weitere in der Abbildung der Patent Intelligence als System.

Ziel der Abbildung des iterativen Ablaufs und des Zusammenspiels der Patent Intelligence Elemente ist die Darstellung von Möglichkeiten und Methoden zur Implementierung und Umsetzung der Patent Intelligence in der unternehmerischen Praxis sowie die Förderung der Kommunikation zwischen Auftraggeber und Auftragnehmer. Es zeigt sich, dass die Abbildung des iterativen Ablaufs in Form eines Systems aus verschiedenen Gründen nützlich ist. Durch die Abbildung als System kann der Zusammenhang der Patent Intelligence Elemente nachvollzogen werden und eine Analyse des Ablaufs der Patent Intelligence auch unternehmensübergreifend erfolgen. Zusätzlich bietet das System die Möglichkeit, die Umsetzung der Patent Intelligence agil zu gestalten. Hierzu werden Anregungen in Form eines Exkurses gegeben.

© Springer Fachmedien Wiesbaden GmbH, ein Teil von Springer Nature 2019
M. Wustmans, *Patent Intelligence zur unternehmensrelevanten Wissenserschließung*,
Forschungs-/ Entwicklungs-/ Innovations-Management,
https://doi.org/10.1007/978-3-658-24066-0_6

6.1 Patent Intelligence als iterativer Prozess

Eine Möglichkeit zur Darstellung des iterativen Ablaufs der Patent Intelligence besteht in der Abbildung eines Prozesses. Ein Prozess stellt im Allgemeinen einen strukturierten Ablauf von Aktivitäten mit klar definiertem Input zur Erzeugung eines bestimmten Outputs dar. Innerhalb eines Prozesses werden Fähigkeiten gebündelt, strukturiert und miteinander verknüpft, um definierte Ziele zu erreichen (Davenport, 1993; Paulk et al., 1993; Fraser et al., 2003; Enkel et al., 2011; Khan, 2016). Eine Iteration tritt auf, wenn bestimmte Prozessschritte mehrmals durchlaufen werden. Abbildung 6-1 zeigt eine schematische Darstellung eines iterativen Prozesses.

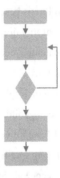

Abbildung 6-1: Schematische Darstellung eines iterativen Prozesses. Quelle: Eigene Darstellung.

Der iterative Prozess der Patent Intelligence kann anhand des Kommunikationsmodells zwischen dem Auftraggeber und dem Auftragnehmer abgeleitet werden. Im Kommunikationsmodell startet der Prozess mit der patentbezogenen Fragestellung, die der Auftraggeber dem Auftragnehmer übermittelt, um auf Basis von Patentinformationen eine Antwort zu erhalten. Die Antwort kann der Auftraggeber nutzen, um eine unternehmensrelevante Entscheidung zu treffen oder entsprechende Konsequenzen zu ziehen. Je nach Fragestellung werden entlang des iterativen Prozesses unterschiedliche Patent Intelligence Elemente angesteuert. Dies verdeutlicht das nachfolgende Beispiel aus Unternehmen B:

Eine patentbezogene Fragestellung kann auf die Patentfähigkeit einer Erfindung ausgerichtet sein. Diese Frage entsteht in der Regel im Anschluss an eine Erfindungsmeldung, die dem strategischen Manager vorgelegt wird. Der strategische Manager leitet die Erfindungsmeldung mit der entsprechenden Fragestellung per E-Mail an den Patentmanager weiter, der dadurch den Auftrag bekommt, eine Antwort auf die Fragestellung zu liefern. Der Patentmanager recherchiert in den ihm zur Verfügung stehenden Patentdatenbanken und generiert über eine stichwortbasierte oder patentklassenbezogene Suche eine Trefferliste mit relevanten Patenten. Diese Trefferliste wird hinsichtlich der Patentfähigkeit der eigenen Erfindung analysiert und das Ergebnis der Analyse wird anschließend dem strategischen Manager per E-Mail übermittelt. Der strategische Manager entscheidet daraufhin, ob die Erfindung zum Patent angemeldet wird oder entsprechende Änderungen vorgenommen werden, um keine bestehenden, fremden Patente zu verletzen bzw. die Patentfähigkeit der eigenen Erfindung zu gewährleisten.

In diesem Beispiel werden die Patent Intelligence Elemente Informationsnutzung und Stand-der-Technik-Analyse angesteuert. Über die Fähigkeiten im Element Informationsnutzung werden die relevanten Patentdaten recherchiert, die anschließend im Element Stand-der-Technik-Analyse genutzt werden, um die Fragestellung zu beantworten. Anhand des Beispiels ist weiterhin zu erkennen, dass in der unternehmerischen Praxis keine lineare Kommunikation ohne (mehrfache) Rückkopplungen zwischen dem Auftraggeber und dem Auftragnehmer der Patent Intelligence stattfindet. Dementsprechend ist nachvollziehbar, dass der Patentmanager als Auftragnehmer weitere Rückfragen an den strategischen Manager als Auftraggeber oder den entsprechenden Erfinder hat, um eine Antwort auf die Fragestellung geben zu können. Außerdem können beispielsweise erste Rechercheergebnisse zwischen dem Auftraggeber und -nehmer besprochen werden, um die Vollständigkeit und Relevanz der Ergebnisse sicherzustellen oder eine weitere, detailliertere Recherche vorzubereiten. Dies stellt den iterativen Charakter des Prozesses dar.

Anhand des Beispiel wird weiterhin verdeutlicht, dass in der unternehmerischen Praxis unterschiedliche Prozesse existieren. Die Erfindungsmeldungen können beispielsweise direkt dem Patentmanager vorgelegt werden, der die Erfindung zunächst grob bewertet, um im Anschluss gemeinsam mit dem strategischen Manager über eine mögliche Patentanmeldung zu entscheiden. Zusätzlich können weitere Akteure, wie ein externer Patentanwalt, an der Patent Intelligence beteiligt sein. Dies ist auch anhand der Ergebnisse

der Fallstudien ersichtlich. In Unternehmen A wird die Erfindungsmeldung dem strategischen Patentmanager oder der zentralen Patentabteilung vorgelegt. Sofern die Erfindungsmeldung zum Patent angemeldet werden soll, wird für die Stand-der-Technik-
Analyse in der Regel das zuständige Patentamt beauftragt. Unternehmen B hingegen
führt die Stand-der-Technik-Analyse eigenständig durch, beauftragt bei Bedarf jedoch
externe Patentanwälte. Dies verdeutlicht zudem, dass je nach Mittel, die den Unternehmen für die Patent Intelligence zur Verfügung stehen, unterschiedliche Prozesse entwickelt und verfolgt werden. Ähnliche Unterschiede sind auch im Hinblick auf die weiteren Patent Intelligence Elemente erkennbar. Weiterhin ist ersichtlich, dass auch für die
einzelnen Patent Intelligence Elemente unterschiedliche Prozesse vorherrschen (können). Eine Stand-der-Technik-Analyse verläuft in den Unternehmen anders als eine Geschäftsfeldanalyse, da unterschiedliche interne und externe Mittel (beteiligte Personen,
Softwareprodukte, etc.) verwendet werden.

Prozesse stellen folglich eine Möglichkeit dar, den iterativen Ablauf und das Zusammenspiel der Patent Intelligence innerhalb eines Unternehmens abzubilden. Eine
Schwierigkeit besteht jedoch in der Übertragbarkeit der Prozesse auf weitere Unternehmen, da diese über unterschiedliche Mittel für die Patent Intelligence verfügen. Außerdem ist Patent Intelligence nicht in einem, sondern in mehreren, iterativen Prozessen
abzubilden. Dies wird auch in der Entwicklung des fähigkeitsbasierten 7D Reifegradmodells für das Patentmanagement thematisiert (vgl. hierzu und im Folgenden Möhrle
et al., 2018). Dort heißt es, dass die fähigkeitsorientierten Elemente des 7D Reifegradmodells nicht notwendigerweise in einem einheitlichen Prozess gebündelt werden müssen, sondern dass diese individuell sowie im Hinblick auf die Unternehmensumgebung
betrachtet werden können. Um Patent Intelligence auf verschiedene Unternehmen über-
tragen zu können, denen unterschiedliche Mittel zur Verfügung stehen, bedarf es folglich einer anderen Möglichkeit zur Abbildung des iterativen Ablaufs.

6.2 Patent Intelligence als System

Eine andere Möglichkeit den iterativen Ablauf der Patent Intelligence darzustellen, besteht in Form eines Systems. Ein System ist definiert als Ganzes, dessen Komponenten eigenständige Funktionen besitzen, welche wiederrum die Funktion des Systems als Ganzes beeinflussen. Die Komponenten des Systems stehen untereinander in Verbindung und interagieren, um ein gemeinsames Ziel zu erreichen, welches die Komponenten alleine nicht hätten erreichen können. Ein System setzt sich demnach aus Komponenten, Funktionen und Verbindungen zusammen (vgl. hierzu und im Folgenden von Bertalanffy, 1950; Hughes, 1987; Blanchard et al., 1990; Carlsson et al., 2002; Ranga und Etzkowitz, 2013; Safdari Ranjbar und Tavakoli, 2015). Komponenten sind die operativen Bestandteile eines Systems, die aus Akteuren bestehen (beispielsweise Individuen, Gruppen oder Teilen einer Gruppe) oder durch diese ausgeführt werden können. Komponenten eines Systems können auch gesamte Unternehmen, Universitäten oder Forschungseinrichtungen darstellen. Funktionen werden als Hauptmerkmale, bzw. Charakteristika des Systems beschrieben, die sich aus den Komponenten sowie deren Verbindungen ergeben. Verbindungen stellen die Beziehungen zwischen den Komponenten des Systems dar, woraus eine Abhängigkeit der Komponenten entsteht. Die Eigenschaften und das Verhalten jeder Komponente des Systems beeinflusst demnach die Eigenschaften und das Verhalten des Systems als Ganzes. Daraus ergibt sich, dass das System im Ganzen eine höhere Werthaltigkeit und Effizienz besitzt als die Komponenten für sich. Abbildung 6-2 zeigt eine schematische Darstellung eines Systems.

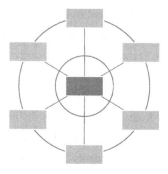

Abbildung 6-2: Schematische Darstellung eines Systems. Quelle: Eigene Darstellung.

Die Patent Intelligence Elemente des 7D Reifegradmodells stehen untereinander in Verbindung, um die Beantwortung unterschiedlicher, patentbezogener Fragestellungen zu unterstützen. Diese bilden dennoch nicht die Komponenten des Systems, da sie auch unabhängig voneinander betrachtet werden können und nicht alle Elemente in einem Unternehmen zwingend berücksichtig werden müssen (Möhrle et al., 2018). Daraus folgt, dass die Komponenten durch andere, operative Bestandteile in der Ablauforganisation der Patent Intelligence abgebildet werden.

Zur Herleitung der Komponenten sowie deren Funktionen und Verbindungen, werden die Prozessmodelle zur Patentrecherche und -analyse, das Kommunikationsmodell zwischen Auftraggeber und -nehmer der Patent Intelligence, die Ergebnisse der Fallstudien sowie weiterführende Literatur herangezogen. Nachfolgend wird die Herleitung der sechs Komponenten, die als Vorbereitung, Recherche, Analyse, Visualisierung, Entscheidung und Dokumentation bezeichnet werden, näher betrachtet (Abbildung 6-3).

Aus der zugrunde gelegten Fragestellung, die den Anstoß der Kommunikation darstellt, ergibt sich die erste Komponente des Systems, die als Vorbereitung bezeichnet wird. Die Komponente hat die Funktion, die patentbezogenen Fragestellungen zu adressieren und zu präzisieren sowie die Ziele der Patent Intelligence zu definieren. Dazu liegt eine wechselseitige Kommunikation zwischen dem Auftraggeber und dem Auftragnehmer vor. Außerdem werden erste Voraussetzungen zur Beantwortung der Fragestellung geschaffen, Aufgaben identifiziert und Akteure bestimmt, die an der Patent Intelligence beteiligt sind (vgl. hierzu auch Tseng et al., 2007; Bendl und Weber, 2013).

Die zweite Komponente des Systems wird als Recherche bezeichnet. Die Komponente hat die Funktion die Datenbasis für die Patent Intelligence bereitzustellen. Die Patentdaten werden dazu über die Recherche in einen unternehmensrelevanten Bedeutungskontext überführt. Aufbauend auf der Vorbereitung wird festgelegt, welche Datenbasis genutzt wird, um die Informationen zur Beantwortung der Fragestellung zu identifizieren, und welche Akteure die Recherche ausführen. Die Informationen können über kommerzielle Softwareprodukte oder frei verfügbare Patentdatenbanken bereitgestellt werden. Als Akteure für die Recherche kommen beispielsweise unternehmensinterne Patentmanager, externe Patentanwälte oder Dienstleister in Frage (vgl. hierzu auch Moehrle et al., 2010; Bendl und Weber, 2013).

Die Analyse der Patentinformationen stellt die dritte Komponente des Systems dar. Die Komponente hat die Funktion, die Patentinformationen hinsichtlich der Beantwortung der Fragestellung zu analysieren. Dazu wird festgelegt, welche (unternehmensinternen und -externen) Akteure an der Analyse beteiligt sind, um die Informationen zweckdienlich mit den Kenntnissen und Fähigkeiten der beteiligten Akteure zu verknüpfen und Wissen zu generieren (vgl. hierzu auch Park et al., 2013; Abbas et al., 2014).

Die vierte Komponente des Systems wird als Visualisierung bezeichnet. Die Komponente hat die Funktion, die anderen Komponenten zu unterstützen und die Kommunikation zu vereinfachen. Zur Unterstützung der weiteren Komponenten können verschiedene Formen der Visualisierung herangezogen werden. Beispielsweise können die Ergebnisse der Recherche grafisch aufbereitet werden, um die Analyse zu unterstützen oder die Ergebnisse der Analyse in Schaubilder überführt werden, um die Kommunikation zu erleichtern (vgl. hierzu auch Fayyad et al., 1996; Tseng et al., 2007).

Die fünfte Komponente des Systems stellt die Entscheidung dar. Die Komponente hat die Funktion das generierte Wissen anzuwenden. Dazu wird vom Auftraggeber der Patent Intelligence die Antwort des Auftragnehmers genutzt, um entsprechende Entscheidungen zu treffen oder Konsequenzen zu ziehen. Bei Bedarf können weitere (interne und externe) Akteure in den Entscheidungsprozess eingebunden werden. Außerdem werden die Ergebnisse der Entscheidung an die betroffenen Personen kommuniziert (vgl. hierzu auch Fayyad et al., 1996; Walter und Schnittker, 2016).

Die sechste Komponente des Systems wird als Dokumentation bezeichnet. Die Komponente hat die Funktion, die Ergebnisse der Patent Intelligence festzuhalten. Dazu werden im Hinblick auf weitere Fragestellungen sowie zur Nachvollziehbarkeit des Ablaufs der Patent Intelligence, die durchgeführten Schritte dokumentiert. Außerdem werden die Ergebnisse der Patent Intelligence an Personen aus dem Unternehmen übermittelt, die von den Ergebnissen profitieren können (vgl. hierzu auch Moehrle et al., 2010; Walter und Schnittker, 2016).

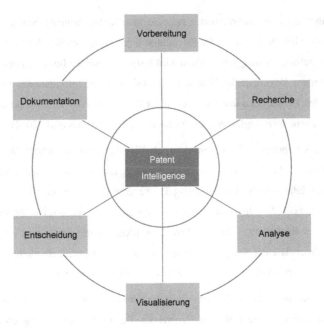

Abbildung 6-3: Komponenten des Systems der Patent Intelligence. Quelle: Eigene Darstellung.

Die Verbindungen der Komponenten ergeben sich aus dem iterativen Ablauf der Patent Intelligence. Ziel des iterativen Ablaufs ist es, auf Basis von Patentinformationen eine Antwort auf eine patentbezogene Fragestellung zu finden, um eine Entscheidung herbeizuführen bzw. entsprechende Konsequenzen zu ziehen. Die patentbezogene Fragestellung, die in der Komponente Vorbereitung adressiert wird, stellt daher den Ausgangspunkt des iterativen Ablaufs der Patent Intelligence dar. Die Anwendung des generierten Wissens, welche in der Komponente Entscheidung thematisiert wird, ist folglich der Endpunkt. Dies verdeutlicht das in Abbildung 6-4 dargestellte Spiralmodell. Für die Überführung der Patentdaten in unternehmensrelevantes Wissen werden alle Komponenten des Systems benötigt. In der Regel erfolgt im Anschluss an die Vorbereitung die Recherche, um die relevanten Daten für die Analyse bereitzustellen. Die Ergebnisse der Analyse werden visualisiert und dokumentiert, um die Entscheidungsfindung zu unterstützen und den Ablauf der Patent Intelligence nachvollziehbar zu gestalten. Zwischen den Komponenten des Systems sind jedoch Vor- und Rückschritte sowie

Sprünge erlaubt. Beispielsweise können die Rechercheergebnisse visualisiert werden, um die Analyse zu unterstützen. Daraus folgt, dass zur Beantwortung der patentbezogenen Fragestellung unterschiedliche, iterative Abläufe der Patent Intelligence vorliegen können. Die Anzahl der Iterationen ergibt sich aus der wechselseitigen Kommunikation zwischen Auftraggeber und -nehmer, dem Komplexitätsgrad der Patent Intelligence oder der Erfahrung der beteiligten Akteure (vgl. hierzu auch Alberts et al., 2017).

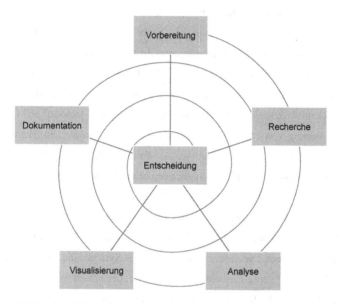

Abbildung 6-4: Spiralmodell zur schematischen Darstellung des iterativen Ablaufs der Patent Intelligence. Quelle: Eigene Darstellung.

Die Beschreibung der Patent Intelligence als System kann von Unternehmen genutzt werden, um spezifische Strukturen und Prozesse für die Patent Intelligence innerhalb des eigenen Unternehmens zu identifizieren. Die Verwendung des Systems ist dabei unabhängig von den zur Verfügung stehenden Mitteln für die Patent Intelligence. Entscheidend bei der Verwendung des Systems ist die Relevanz, die jeder einzelnen Komponente zugesprochen wird. Nur bei Berücksichtigung aller Komponenten gelingt die Überführung der Patentinformationen in unternehmensrelevantes Wissen sowie die Anwendung des Wissens für unternehmensrelevante Entscheidungen. Dabei ist jedoch nicht notwendig, zur Beantwortung der patentbezogenen Fragestellung immer alle

Komponenten zu durchlaufen. Vorstellbar ist, dass bereits dokumentierte Ergebnisse den iterativen Ablauf der Patent Intelligence verkürzen, da bestimmte Komponenten bereits zur Beantwortung ähnlicher Fragestellungen durchlaufen wurden.

6.3 Zusammenspiel der Patent Intelligence Elemente im System

Die Patent Intelligence Elemente des 7D Reifegradmodells können den Komponenten des Systems zugeordnet werden. Auf diese Weise werden das Zusammenspiel der Elemente im operativen Ablauf der Patent Intelligence sowie der Einfluss der Elemente auf die Komponenten und Funktionen des Systems deutlich. Abbildung 6-5 veranschaulicht den maßgeblichen, wechselseitigen Einfluss. Das Patent Intelligence Element Informationsnutzung ist den anderen Elementen vorgelagert (Möhrle et al., 2018). Dies ist darauf zurückzuführen, dass im Element Informationsnutzung Methoden und Hilfsmittel zur Erschließung von Patentinformationen thematisiert werden. Die Methoden und Hilfsmittel stellen die Grundlage der weiteren Patent Intelligence Elementen dar. Das Element Informationsnutzung kann folglich den beiden Komponenten Vorbereitung und Recherche zugeordnet werden. Die weiteren Patent Intelligence Elemente dienen spezifischen Analysezwecken sowie der Beantwortung unterschiedlicher Fragestellungen. Diese Elemente werden daher den drei Komponenten Analyse, Visualisierung und Entscheidung zugeordnet. Die sechste Komponente des Systems, die Dokumentation, ist für alle Patent Intelligence Elemente relevant. Dementsprechend werden alle Patent Intelligence Elemente der Komponente Dokumentation zugeordnet.

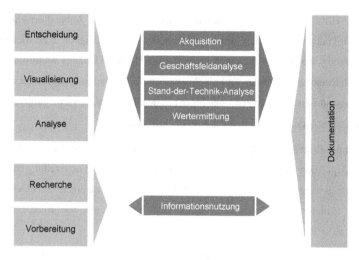

Abbildung 6-5: Patent Intelligence Elemente im Systemzusammenhang. Quelle: Eigene Darstellung.

Nachfolgend werden die Komponenten des Systems näher betrachtet und die Rolle der Patent Intelligence Elemente innerhalb des Systems genauer beschrieben. Mit einem Fokus auf die Unterstützung des strategischen Managements und ohne den Anspruch auf Vollständigkeit, werden in den Komponenten verschiedene Fragestellungen, Patentrecherchen und -analysen, Visualisierungsmethoden sowie Entscheidungen thematisiert, die den Patent Intelligence Elementen zugeordnet werden. Diese basieren auf den Ergebnissen der durchgeführten Fallstudien sowie Literaturrecherchen.

6.3.1 Komponente der Vorbereitung

Die Vorbereitung als erste Komponente des Systems hat die Funktion, die patentbezogene Fragestellung zu adressieren und frühzeitig die Ziele der Patent Intelligence zu klären. Die Fragestellung und Ziele haben Einfluss auf die Intensität und die Dauer der Patent Intelligence, da zur Beantwortung der Fragestellung und zur Erreichung der Ziele häufig unterschiedliche Methoden und Hilfsmittel benötigt werden. Der Komponente Vorbereitung wird dementsprechend das Patent Intelligence Element Informationsnutzung zugeordnet. Ist die Fragestellung adressiert, wird abgeleitet, welche Datengrundlage benötigt wird, wer an der Patent Intelligence beteiligt ist und ob es weiterer Methoden und Hilfsmittel zur Beantwortung der Fragestellung bedarf. Anhand der Fragestellung wird außerdem deutlich, welche weiteren, speziellen Fähigkeiten zur Beantwortung benötigt werden, welche durch die Patent Intelligence Elemente Akquisition, Geschäftsfeldanalyse, Stand-der-Technik-Analyse und Wertermittlung abgebildet werden. Nachfolgend werden daher Fragestellungen aus den Experteninterviews aufgeführt und den entsprechenden Patent Intelligence Elementen zugeordnet.[22]

Tabelle 6-1 listet Fragestellungen auf, die das Element Akquisition betreffen. Das Element Akquisition wird angesteuert, wenn zur Beantwortung der Fragestellung Fähigkeiten benötigt werden, die sich mit der Identifikation und Akquise potenzieller Geschäftspartner, Zulieferer, Kunden sowie Einzelpersonen beschäftigen, oder wenn Unternehmensbeteiligungen und -übernahmen vorbereitet werden.

Tabelle 6-1: Mögliche Fragestellungen aus der Komponente Vorbereitung zum Patent Intelligence Element Akquisition. Quelle: Eigene Darstellung.

Element	Fragestellungen zum Element
Akquisition	Gibt es für das Unternehmen unbekannte Kunden und Zulieferer in einem bestimmten Technologiefeld?
	Welche Unternehmen kommen hinsichtlich einer bestimmten Technologie als Zulieferer in Frage und wie sind diese Unternehmen aufgestellt?
	Gibt es in unternehmensrelevanten Technologiefeldern Start-Ups, die in das Unternehmen integriert werden können?
	Welche weiteren Industrien und Branchen eigenen sich zur Lizenzvergabe unternehmenseigener Technologien und welche Unternehmen sind dort aktiv?
	Gibt es Technologien aus anderen Industrien, die in den unternehmenseigenen Geschäftsfeldern angewendet werden (können) und welches Unternehmen kommt als potenzieller Partner oder Zulieferer in Frage, um die Technologie zu nutzen?
	Welcher unternehmensfremde Erfinder besitzt ausreichend Erfahrung und Kompetenz innerhalb eines Technologiefeldes, um ihn für das eigene Unternehmen abzuwerben?

Tabelle 6-2 zeigt beispielhafte Fragestellungen, die anhand von Fähigkeiten beantwortet werden können und im Patent Intelligence Element Geschäftsfeldanalyse abgebildet sind. Das Element Geschäftsfeldanalyse wird angesteuert, wenn Fähigkeiten im Umgang mit der Einschätzung von Chancen und Risiken innerhalb eines spezifischen Technologiefeldes notwendig sind oder gezielte Analysen hinsichtlich ausgewählter Wettbewerber durchgeführt werden.

---

[22] Weitere Fragestellungen können MÖHRLE et al. (2018) entnommen werden.

Tabelle 6-2: Mögliche Fragestellungen aus der Komponente Vorbereitung zum Patent Intelligence Element Geschäftsfeldanalyse. Quelle: Eigene Darstellung.

Element	Fragestellungen zum Element
Geschäftsfeldanalyse	Wie hat sich die Technologie in den letzten Jahren verändert und wie wird sich die Technologie in Zukunft entwickeln?
	Welche Unternehmen sind in dem Technologiefeld aktiv und wie viele Patente besitzen diese Unternehmen jeweils?
	Welche Technologien werden durch das Patentportfolio des Wettbewerbers geschützt und was zeichnet bestimmte Wettbewerber aus?
	Welche Mängel weisen bestehende Wettbewerberprodukte auf und welche Vorteile hat die unternehmenseigene Erfindung gegenüber bestehenden Produkten am Markt?
	Gibt es Patente, die als Ideengeber für unternehmenseigene Erfindungen dienen können?
	Gibt es in dem Technologiefeld Bereiche, in denen sich ein Investment lohnt?
	In welcher Technologielebenszyklusphase befindet sich eine ausgewählte Technologie und wie wird sich die Technologie in nächster Zeit entwickeln?
	Was sind die möglichen Anwendungsfelder der Technologie und wo überschneiden sich diese mit den unternehmenseigenen Geschäftsfeldern?

Das Patent Intelligence Element Stand-der-Technik-Analyse dient der Beantwortung von Fragestellungen, bei denen Fähigkeiten zur Ermittlung des weltweit verfügbaren Wissens über eine ausgewählte Technologie sowie zur Ermittlung der Handlungsfreiheit innerhalb eines Technologiefeldes bzw. eines Landes erforderlich sind. Tabelle 6-3 fasst mögliche Fragestellungen zusammen.

Tabelle 6-3: Mögliche Fragestellungen aus der Komponente Vorbereitung zum Patent Intelligence Element Stand-der-Technik-Analyse. Quelle: Eigene Darstellung.

Element	Fragestellungen zum Element
Stand-der-Technik-Analyse	Wie sieht der aktuelle Stand der Technik hinsichtlich einer Technologie aus?
	Ist es möglich, die vorliegende Erfindung zu patentieren?
	Besteht Handlungsfreiheit innerhalb des Technologiefeldes und des Landes, um eine Technologie zu vermarkten?
	Welche Patente können die eigene Erfindung blockieren und wie können Wettbewerber durch eigene Patente blockiert werden?
	Welche Lizenzen müssen genommen werden, um Handlungsfreiheit innerhalb des Technologiefeldes und des Landes sicherzustellen?
	Sind die ausgewählten Patente noch rechtskräftig?

Tabelle 6-4 zeigt Fragestellungen zum Patent Intelligence Element Wertermittlung. Das Element Wertermittlung wird angesteuert, wenn Fähigkeiten zur Bestimmung des monetären und technologischen Werts unternehmenseigener und relevanter, fremder Patente zur Beantwortung der Fragestellung benötigt werden und die Qualität von unternehmenseigenen und fremden Patenten zu bewerten ist.

Tabelle 6-4: Mögliche Fragestellungen aus der Komponente Vorbereitung zum Patent Intelligence Element Wertermittlung. Quelle: Eigene Darstellung.

Element	Fragestellungen zum Element
Wertermittlung	Was kostet die Lizenzierung eines bestimmten fremden Patents? Wie hoch ist die Qualität der Patente des Unternehmens im Vergleich zum Wettbewerb? Welchen monetären Wert hat das unternehmenseigene Patentportfolio? Was ist das Besondere an der unternehmenseigenen Erfindung (Einzigartigkeit / Attraktivität für den potenziellen Kunden)?

Die Fragestellungen zeigen bereits auf, dass an die Patent Intelligence unterschiedliche Anforderungen gestellt werden. Einige der dargestellten Fragestellungen lassen sich laut Aussagen der Experten leichter beantworten als andere. Beispielsweise ist die Quantifizierung der Patente von ausgewählten Wettbewerbern innerhalb eines Datensatzes einfacher als die Beantwortung von Fragestellungen hinsichtlich der Patentfähigkeit einer Erfindung oder der Handlungsfreiheit innerhalb eines bestimmten Technologiefeldes. Eine frühzeitige Klärung der Fragestellung und Ziele ist demnach wichtig und beeinflusst den weiteren Ablauf sowie die Intensität der Patent Intelligence (vgl. hierzu auch Bendl und Weber, 2013; Alberts et al., 2017).

Weiteren Aussagen der Experten zufolge kann in einigen Fällen bereits eine kurze Erläuterung der Fragestellung und Ziele ausreichen, um erste Patent Intelligence Ergebnisse zu erzielen. Die Intensität und Dauer der Patent Intelligence ist neben einer frühzeitigen Bestimmung und Kommunikation der Ziele jedoch auch von den aufzuwendenden Kosten, der gewünschten Qualität sowie der zur Verfügung stehenden Zeit abhängig (vgl. hierzu auch Alberts et al., 2017). Zur Abschätzung der Intensität und Dauer sowie zur Unterstützung der Patent Intelligence wurden von den befragten Patentmanagern weitere Informationen aufgeführt, die in Tabelle 6-5 dargestellt werden. Die Informationen beziehen sich unter anderem auf die Kontaktdaten sowie auf das Vorwissen des Auftraggebers im Hinblick auf die zu untersuchende Technologie.

Tabelle 6-5: Informationen zur Abschätzung der Dauer und Qualität für die Patent Intelligence. Quelle: Eigene Darstellung.

Information für die Patent Intelligence
Name, Abteilung und Kontaktdaten des Auftraggebers
Fragestellung und Ziel
Zeitlicher Rahmen
Detaillierungsgrad
Kurzbeschreibung der Technologie bzw. des Technologiefeldes
Schlüsselbegriffe für die Patentrecherche
Wettbewerber im Technologiefeld
Ähnliche (relevante) Patente und Patentanmeldungen
Patentklassifikation
Weiterführende Literatur zur Einarbeitung in das Themengebiet

Sind die patentbezogenen Fragestellungen adressiert und die Ziele der Patent Intelligence geklärt, kann der iterative Ablauf der Patent Intelligence in der Komponente Recherche fortgesetzt werden.

6.3.2 Komponente der Recherche

Die Recherche als zweite Komponente des Systems hat die Funktion, die Datengrundlage zur Beantwortung der patentbezogenen Fragestellung bereitzustellen. Anhand der gezielten Recherche werden die Patentdaten in einen unternehmensrelevanten Bedeutungskontext und somit in Patentinformationen überführt. Auch der Komponente Recherche wird das Element Informationsnutzung zugeordnet, da in Abhängigkeit der Fragestellung Methoden und Mittel gewählt werden, anhand derer die Informationen bereitgestellt werden. Zu den Methoden und Hilfsmitteln zählen die Datengrundlage sowie die an der Patent Intelligence beteiligten Akteure. Auch innerhalb der Komponente Recherche kann es zu einer wechselseitigen Kommunikation zwischen dem Auftraggeber und dem Auftragnehmer der Patent Intelligence kommen, um beispielsweise den Fokus der Recherche und die Vollständigkeit der Datengrundlage zu besprechen (vgl. hierzu auch Bendl und Weber, 2013).

Je nach Fragestellung und Ziel der Patent Intelligence können verschiedene Recherchearten unterschieden werden. Basierend auf einem Vergleich von Patentrecherchen, die in der Literatur aufgeführt werden (vgl. hierzu und im Folgenden Atkinson, 2008; Azzopardi et al., 2010; Walter und Schnittker, 2016; Alberts et al., 2017; Diallo und Lupu, 2017), können übergeordnete Recherchearten abgeleitet werden. Diese werden als Akquisitionsrecherche, Handlungsfreiheitsrecherche, Imitationsrecherche, Lizenzierungsrecherche, Observierungsrecherche, Patentfähigkeitsrecherche, Stand-der-Technik-Recherche, Trendrecherche, (Un-)Gültigkeitsrecherche sowie Verletzungsrecherche bezeichnet und in Tabelle 6-6 näher erläutert.

Tabelle 6-6: Recherchearten zur Überführung von Patentdaten in Patentinformationen. Quelle: Eigene Darstellung.

Rechercheart	Beschreibung
Akquisitionsrecherche	Die Akquisitionsrecherche fokussiert auf die Identifikation von potenziellen Partnern, Zulieferern, Kunden, Erfindern, Unternehmensbeteiligungen und -übernahmen auf Basis von Patentdaten.
Handlungsfreiheitsrecherche	Die Handlungsfreiheitsrecherche zielt auf die Suche nach relevanten, rechtskräftigen Patenten innerhalb eines Landes ab, um zu gewährleisten, dass kein rechtskräftiges Patent die Nutzung und Vermarktung der unternehmenseigenen Erfindungen behindert. Darüber hinaus werden auch Patentanmeldungen betrachtet, die in Zukunft die Handlungsfreiheit des Unternehmens einschränken können.
Imitationsrecherche	Anhand der Imitationsrecherche werden unternehmensfremde Erfindungen recherchiert, welche als Ideengeber für eigene Erfindungen dienen können. Zusätzlich kann die Imitationsrecherche auch auf die Gestaltung und Formulierung von Patenten und Patentportfolios ausgerichtet sein, um beispielsweise Informationen über eine (optimale) Fragmentierung zu erhalten (vgl. hierzu auch die Innovationsbremse des systemdynamischen Wirkungsdiagramms, Kapitel 3.2).
Lizenzierungsrecherche	Über eine Lizenzierungsrecherche werden Patentdaten betrachtet, anhand derer mögliche Lizenzgeber und -nehmer für eigene und fremde Patente gefunden werden können.
Observierungsrecherche	Die Observierungsrecherche fokussiert auf ausgewählte Technologien und Wettbewerber, um gezielt Veränderungen innerhalb eines Technologiefeldes oder bei Wettbewerbern zu beobachten.
Patentfähigkeitsrecherche	Anhand der Patentfähigkeitsrecherche werden Daten bereitgestellt, anhand derer bewertet wird, ob eine Erfindung zum Patent angemeldet werden kann, da sich auf Basis der Recherche die Auslegung der Patentschrift ändern kann. Üblicherweise wird die Recherche im Vorfeld einer Patentanmeldung oder während des Patentanmeldeprozesses durch das zuständige Patentamt durchgeführt.
Stand-der-Technik-Recherche	Die Stand-der-Technik-Recherche zielt auf die weltweite Identifikation des aktuellen Stands der Technik ab, um Investitionsentscheidungen in Forschung und Entwicklung zu unterstützen.
Trendrecherche	Die Trendrecherche zielt auf die Identifikation aktueller Entwicklungen in einem Technologiefeld ab, um beispielsweise Technologievorausschau zu betreiben, neue Wettbewerber zu identifizieren und Investitionsmöglichkeiten offen zu legen.
(Un-)Gültigkeitsrecherche	Auf Basis der (Un-)Gültigkeitsrecherche werden Daten identifiziert, anhand derer ein Patent für nichtig erklärt werden soll.
Verletzungsrecherche	Die Verletzungsrecherche zielt auf die Identifikation von Patentverletzungen durch fremde und eigene Erfindungen ab.

Tabelle 6-7 zeigt eine Zuordnung der Recherchearten zu den Patent Intelligence Elementen Akquisition, Geschäftsfeldanalyse, Stand-der-Technik-Analyse und Wertermittlung, da auf diese Weise die Informationsgrundlage zur Beantwortung der Fragestellung bereitgestellt werden kann.

Tabelle 6-7: Zuordnung von Recherchearten zu den Patent Intelligence Elementen des 7D Reifegradmodells für das Patentmanagement. Quelle: Eigene Darstellung.

Rechercheart	Akquisition	Geschäftsfeld-analyse	Stand-der-Technik-Analyse	Wertermittlung
Akquisitionsrecherche	x			
Handlungsfreiheitsrecherche		x		
Imitationsrecherche		x	x	
Lizenzierungsrecherche		x		x
Observierungsrecherche		x	x	
Patentfähigkeitsrecherche			x	
Stand-der-Technik-Recherche			x	
Trendrecherche		x		
(Un-)Gültigkeitsrecherche			x	
Verletzungsrecherche			x	

Die Recherche erfolgt in öffentlich zugänglichen (Patent-)Datenbanken oder wird durch kommerzielle Softwareprodukte unterstützt. Eine Übersicht und einen Vergleich verschiedener, frei verfügbarer sowie kommerzieller Softwareprodukte geben ELDRIDGE (2006), GIERETH UND ERTL (2008), YANG et al. (2008), MOEHRLE et al. (2010) sowie WUSTMANS UND MÖHRLE (2017). Zur Durchführung der Recherche können weiterhin unterschiedliche, unternehmensspezifische Abläufe bestimmt werden (vgl. hierzu Moehrle et al., 2010; Stefanov und Tait, 2011; Bendl und Weber, 2013; Walter und Schnittker, 2016; Alberts et al., 2017; Wustmans und Möhrle, 2017). Im Anschluss an die Recherche werden Patentinformationen im Hinblick auf die Fragestellung analysiert.

6.3.3 Komponente der Analyse

Die Analyse als dritte Komponente des Systems hat die Funktion, die über die Recherche bereitgestellten Patentinformationen zu analysieren und in unternehmensrelevantes Wissen zu überführen. Die Analyse der Patentinformationen kann, ähnlich wie die Recherche, durch verschiedene kommerzielle und frei verfügbare Softwareprodukte unterstützt werden. Der Komponente Analyse werden folglich die Patent Intelligence Elemente Akquisition, Geschäftsfeldanalyse, Stand-der-Technik-Analyse und Wertermittlung zugeordnet.

Zur Durchführung von Analysen zur Beantwortung patentbezogener Fragestellungen können verschiedene Arten unterschieden werden. ABBAS et al. (2014) stellen beispielsweise den Stand der Technik in der Patentanalyse dar und identifizierten insgesamt acht verschiedene Analysearten, die als Wettbewerberanalyse, Patentqualitätsanalyse, Verletzungsanalyse, Neuheitsanalyse, strategische Technologieplanung, Technologievorausschau, Technologieroadmapping und Trendanalyse bezeichnet werden. In diesem Fall scheinen sich jedoch Analysearten (beispielsweise die Wettbewerbsanalyse oder die Neuheitsanalyse) und Analyseziele (beispielsweise die Nutzung der Analyseergebnisse für das Technologieroadmapping oder die strategische Technologieplanung) zu überschneiden. BONINO et al. (2010) zeigen auf, dass die Technische Detailanalyse, Trendanalyse, Technische Anregungen, (Un-)Gültigkeitsanalyse, Verletzungsanalyse und Geschäftswertermittlung ebenfalls als Analysearten betrachtet werden können. Diese ergeben sich aus den in BONINO et al. (2010) aufgeführten Recherche- und Analyseaufgaben. Zusätzlich gehen aus ERNST (2003) weitere Analysearten hervor, die als Wettbewerberüberwachung, F&E-Portfolio-Management, Technologiebewertung, Externe Erzeugung technischen Wissens und Personalwirtschaft bezeichnet werden.

Eine Gegenüberstellung von ERNST (2003), BONINO et al. (2010) und ABBAS et al. (2014) führt zu insgesamt zehn unterschiedlichen Analysearten, die als Akquisitionsanalyse, Neuheitsanalyse, Qualitätsanalyse, Technische Lösungsanalyse, Trendanalyse, (Un-)Gültigkeitsanalyse, Verletzungsanalyse, Wertanalyse, Wettbewerberanalyse und Wissensgenerierungsanalyse bezeichnet werden. Nachfolgend werden die Analysearten den Patent Intelligence Elementen Akquisition, Geschäftsfeldanalyse, Stand-der-Technik-Analyse und Wertermittlung zugeordnet und näher erläutert.

Dem Element Akquisition können Analysen von Patentinformationen zugeordnet werden, die auf die Identifikation und Akquise potenzieller Geschäftspartner, Zulieferer, Kunden sowie Einzelpersonen ausgerichtet sind, aber auch Unternehmensbeteiligungen und -übernahmen vorbereiten. Der Schwerpunkt der Analysen, die unter dem Begriff Akquisitionsanalyse zusammengefasst werden, liegt auf der Identifikation und Bewertung zusätzlicher (neuer) Ressourcen und Kunden für das eigene Unternehmen. Die Akquisitionsanalyse ist vergleichbar mit Teilen der Analysearten Strategische Technologieplanung sowie Technologieroadmapping nach ABBAS et al. (2014) sowie F&E-Portfolio-Management und Personalwirtschaft nach ERNST (2003).

Dem Element Geschäftsfeldanalyse können Analysen spezifischer Technologien, Geschäftsfelder und Wettbewerber zugeordnet werden. Der Geschäftsfeldanalyse können die Analysearten Technische Lösungsanalyse, Trendanalyse, Wettbewerberanalyse und Wissensgenerierungsanalyse zugeordnet werden. Die Technische Lösungsanalyse strebt die Identifikation bestehender, technischer Lösungen an, um Ideen für eigene Umgehungslösungen zu generieren. Sie ist vergleichbar mit den Analysearten Strategische Technologieplanung und Technologieroadmapping nach ABBAS et al. (2014), Technische Detailanalyse und Technische Anregungen nach BONINO et al. (2010) sowie Externe Erzeugung technischen Wissen nach ERNST (2003). Die Trendanalyse fokussiert auf die Untersuchung der Entwicklungen einer Technologie oder eines Geschäftsfeldes, um beispielsweise Chancen und Risiken für das eigene Unternehmen einschätzen zu können. Sie ist vergleichbar mit den Analysearten Trendanalyse und Technologievorausschau nach ABBAS et al. (2014), Trendanalyse und Technologieübersicht nach BONINO et al. (2010) sowie F&E-Portfolio-Management nach ERNST (2003). Die Wettbewerberanalyse fokussiert auf die Untersuchung des Patentportfolios ausgewählter Wettbewerber sowie deren zukünftige Ausrichtung. Anhand der Analyse kann beispielsweise das Handeln der Wettbewerber sowie deren Innovationsaktivitäten beobachtet und antizipiert werden (vgl. hierzu auch Ernst, 2003; Abbas et al., 2014). Die Wissensgenerierungsanalyse zielt auf die Exploration einer Technologie, bzw. eines Geschäftsfeldes ab, um beispielsweise (weitere) Anwendungsgebiete unternehmenseigener Erfindungen oder branchenspezifischer Merkmale zu ermitteln. Sie ist vergleichbar mit den Analysearten Strategische Technologieplanung und Neuheitsanalyse nach ABBAS et al.

(2014), Technische Detailanalyse und Technische Anregungen nach BONINO et al. (2010) sowie Externe Erzeugung technischen Wissens nach ERNST (2003).

Dem Element Stand-der-Technik-Analyse können Analysen zugeordnet werden, die sich mit der Ermittlung des weltweit verfügbaren Wissens über eine ausgewählte Technologie sowie der Ermittlung der Handlungsfreiheit innerhalb eines Technologiefeldes bzw. eines Landes beschäftigen. Dem Element Stand-der-Technik-Analyse können die Analysearten Neuheitsanalyse, Technische Lösungsanalyse, (Un-)Gültigkeitsanalyse, Verletzungsanalyse sowie Wissensgenerierungsanalyse zugeordnet werden. Innerhalb der Neuheitsanalyse wird die mögliche Patentfähigkeit unternehmenseigener Erfindungen bewertet (vgl. hierzu auch Bonino et al., 2010; Abbas et al., 2014). Die Technische Lösungsanalyse zielt auf die Auswertung von Patentinformationen hinsichtlich technischer Problemstellungen ab und kann erfolgen, um Doppelerfindungen bzw. -entwicklungen zu vermeiden. Die Technische Lösungsanalyse ist vergleichbar mit Teilen der Analysearten Strategische Technologieplanung und Technologieroadmapping nach ABBAS et al. (2014), Technische Detailanalyse und Technische Anregungen nach BONINO et al. (2010), sowie Externe Erzeugung technischen Wissens nach ERNST (2003). Anhand der (Un-)Gültigkeitsanalyse werden Patentinformationen untersucht, um fremde Patente für nichtig zu erklären oder eigene Patente zu festigen (vgl. hierzu auch Bonino et al., 2010). Die Verletzungsanalyse fokussiert auf die Untersuchung von Patentinformationen, um zu überprüfen, ob fremde (oder unternehmenseigene) Patente bzw. Patentanmeldungen unternehmenseigene (oder fremde) Patentrechte verletzen (vgl. hierzu auch Bonino et al., 2010; Abbas et al., 2014). Innerhalb der Wissensgenerierungsanalyse werden Patentinformationen untersucht, um im Hinblick auf eine Technologie oder ein Geschäftsfeld eine Übersicht über die patentierten Erfindungen zu erlangen. Auf diese Weise kann ebenfalls Wissen über den aktuellen (patentierten) Stand der Technik geschaffen werden.

Dem Element Wertermittlung können Analysen zugeordnet werden, die der Bestimmung des monetären und technologischen Werts der eigenen Erfindungsmeldungen und Patente sowie relevanter, fremder Patente dienen. Dem Element können daher die Qualitätsanalyse sowie die Wertanalyse zugeordnet werden. Innerhalb der Qualitätsanalyse werden unternehmenseigene Erfindungsmeldungen und Patente hinsichtlich ihres

(Mehr-)Werts für das Patentportfolio bewertet. Außerdem kann die Qualität der unternehmenseigenen Patente im Vergleich zu Wettbewerberpatenten ermittelt werden (vgl. hierzu auch Abbas et al., 2014). Die Wertanalyse zielt auf die Bestimmung des monetären Werts der eigenen und (relevanten) fremden Patente ab und unterstützt beispielsweise die Lizenzvergabe und -nahme (vgl. hierzu auch Ernst, 2003; Bonino et al., 2010). Tabelle 6-8 fasst die Ergebnisse der Zuordnung der Analysearten zu den Patent Intelligence Elementen zusammen.

Tabelle 6-8: Zuordnung von Analysearten zu den Patent Intelligence Elementen des 7D Reifegradmodells für das Patentmanagement. Quelle: Eigene Darstellung.

Analyseart	Akquisition	Geschäftsfeldanalyse	Stand-der-Technik-Analyse	Wertermittlung
Akquisitionsanalyse	x			
Neuheitsanalyse			x	
Qualitätsanalyse				x
Technische Lösungsanalyse		x	x	
Trendanalyse		x		
(Un-)Gültigkeitsanalyse			x	
Verletzungsanalyse			x	
Wertanalyse				x
Wettbewerberanalyse		x		
Wissensgenerierungsanalyse		x	x	

Die Analysen können auf Basis strukturierter und unstrukturierter Patentinformationen durchgeführt werden. Für die Analysearten stehen entsprechend die Methoden des Data-, Text- und Graph-Minings zur Verfügung. Tabellen 6-9 bis 6-11 geben eine Übersicht über ausgewählte Beiträge aus Fachzeitschriften, in denen die Methoden des Data-, Text- und Graph-Mining (teilweise kombiniert) angewendet werden.

Tabelle 6-9 zeigt Beiträge aus Fachzeitschriften, die Methoden des Data-Minings zur Analyse der Patentinformationen verwenden. Diese werden den Patent Intelligence Elementen sowie den Analysearten zugeordnet und im Hinblick auf die Ziele untersucht.

Tabelle 6-9: Beiträge aus Fachzeitschriften, die Methoden des Data-Minings zur Patentanalyse nutzen. Quelle: Eigene Darstellung.

Beitrag	Patent Intelligence Element (E) und Art der Analyse (A)	Ziel der Analyse
ERNST (2003)	E: Akquisition, Wertermittlung A: Akquisitionsanalyse, Qualitätsanalyse, Wertanalyse	Auf Basis von mono- und multivariaten Patentindikatoren erfolgt eine Bewertung der Qualität und Stärke unternehmenseigener und fremder Patente. Weitere Analysen zielen auf die Vorbereitung von Unternehmensbeteiligungen und -übernahmen sowie die Unterstützung des Personalwesens ab.
PARK et al. (2005)	E: Akquisition, Geschäftsfeldanalyse A: Akquisitionsanalyse, Wissensgenerierungsanalyse	Ziel der Analyse ist die Identifikation markanter und sich wandelnder Muster technologischer Innovationen über Branchen hinweg und die Beobachtung des Wissensflusses zwischen Branchen, branchenspezifischen Merkmalen sowie Beziehungsmustern zwischen Branchen.
ERNST UND OMLAND (2011)	E: Wertermittlung A: Qualitätsanalyse (und Wertanalyse)	Die Autoren beschreiben einen Ansatz zur Analyse und zum Benchmarking von Patentportfolios, um die Innovations- und Wettbewerbsstärke von Unternehmen zu bewerten. Unternehmen werden dazu anhand des *Patent Asset Index* bewertet.
KELLEY et al. (2013)	E: Akquisition, Geschäftsfeldanalyse, Wertermittlung A: Qualitätsanalyse, Wissensgenerierungsanalyse, Akquisitionsanalyse	Nach der Identifizierung von Patenten mit hohem Durchbruchspotenzial haben die Autoren herausgefunden, dass das Wissen, das den Durchbrüchen zugrunde liegt, häufig von anderen Unternehmen und Organisationen oder Einzelpersonen stammt und nicht aus dem Unternehmen selbst.
KIM UND BAE (2017)	E: Geschäftsfeldanalyse A: Trendanalyse	Auf Grundlage von Patentklassifikationen werden Patente zu Clustern zusammengefasst und anschließend über weitere Indikatoren (Vorwärtszitationen, Patentfamilien sowie Anzahl der unabhängigen Ansprüche) im Hinblick auf die Technologievorausschau bewertet.
DONG et al. (2017)	E: Akquisition, Geschäftsfeldanalyse A: Akquisitionsanalyse, Wettbewerberanalyse, Wissensgenerierungsanalyse	Auf Basis von Netzwerkanalysen zeigen die Autoren Möglichkeiten zur Auswahl potenzieller Partner und strategischer Allianzen auf, um herausragende Innovationen hervorzubringen.

Tabelle 6-10 fasst weitere Beiträge aus Fachzeitschriften zusammen. In den Beiträgen werden verschiedene Methoden des Text-Minings angewendet, um Patentinformationen hinsichtlich unterschiedlicher Fragestellungen zu untersuchen.

Tabelle 6-10: Beiträge aus Fachzeitschriften, die Methoden des Text-Minings zur Patentanalyse nutzen. Quelle: Eigene Darstellung.

Beitrag	Patent Intelligence Element (E) und Art der Analyse (A)	Ziel der Analyse
MOEHRLE et al. (2005)	E: Akquisition A: Akquisitionsanalyse	Auf Basis von Erfinderprofilen bewerten die Autoren das technische Wissen von Erfindern, um das Personalwesen von Unternehmen zu unterstützen.
BERGMANN et al. (2008)	E: Stand-der-Technik-Analyse A: Verletzungsanalyse	Die Autoren stellen ein Verfahren zur semantischen Patentanalyse und zur Nutzung von Patentlandkarten vor, auf dessen Basis Patentverletzungen in der Biotechnologie identifiziert werden.
THORLEUCHTER et al. (2010)	E: Akquisition, Geschäftsfeldanalyse A: Technische Lösungsanalyse, Akquisitionsanalyse	Die Autoren stellen einen Ansatz zur Entwicklung von Ideen zur Lösung technischer Probleme vor. Darüber hinaus kann der Ansatz als Ausgangspunkt für die Identifikation von Kollaborationen genutzt werden.
YOON et al. (2013)	E: Geschäftsfeldanalyse A: Trendanalyse, Wettbewerberanalyse, Wissensgenerierungsanalyse	Die Autoren identifizieren technologische Trends basierend auf der Überwachung von Wettbewerbern und Technologiefeldern, in denen keine bzw. wenige oder viele Patente erteilt wurden, um die Formulierung der FuE-Strategie der Unternehmen zu unterstützen.
MOEHRLE UND PASSING (2016)	E: Geschäftsfeldanalyse A: Trendanalyse	Am Beispiel der kohlefaserverstärkten Kunststoffe zeigen die Autoren die Entwicklung und grafische Darstellung sogenannter Ankerpunkte zur Stabilisierung von Patentlandkarten. Die Ankerpunkte dienen als Referenz für eine Technologie, die verwendet wird, um Konvergenz zu messen und darzustellen.
MOEHRLE et al. (2017b)	E: Geschäftsfeldanalyse A: Wissensgenerierungsanalyse	Auf Basis semantischer Analysen werden mögliche Anwendungsfelder einer Technologie identifiziert und die Entwicklung von Technologie- und Anwendungspatenten gegenübergestellt.
NIEMANN et al. (2017)	E: Geschäftsfeldanalyse A: Trendanalyse	Die Entwicklung innerhalb einer Technologie wird auf Basis sogenannter Patentfahrspurdiagramme aufgezeigt. Diese unterstützen die Identifikation relevanter Subtechnologien sowie deren Entwicklung über die Zeit.
SONG et al. (2017)	E: Geschäftsfeldanalyse, Stand-der-Technik-Analyse A: Technische Lösungsanalyse, Trendanalyse	Die Autoren beschreiben einen Ansatz zur Identifikation bestehender technischer Lösungen, zur Entwicklung neuer Ideen sowie zur Abschätzung von Chancen innerhalb eines Technologiegebiets.

Tabelle 6-11 gibt eine Übersicht über ausgewählte Beiträge aus Fachzeitschriften, in denen Methoden des Graph-Minings teilweise kombiniert mit den Methoden des Data- und Text-Minings angewendet werden. Weitere Beiträge können HANBURY et al. (2011) entnommen werden. HANBURY et al. (2011) geben eine Übersicht über verschiedene

Möglichkeiten zur Anwendung des Graph-Minings insbesondere im Hinblick auf Patentdaten. Darüber hinaus fassen COOK UND HOLDER (2006) in ihrem Sammelband diverse Aufsätze über verschiedene Techniken und Anwendungsszenarien zum Graph-Mining zusammen.

Tabelle 6-11: Beiträge aus Fachzeitschriften, die Methoden des Graph-Minings zur Patentanalyse nutzen. Quelle: Eigene Darstellung.

Beitrag	Patent Intelligence Element (E) und Art der Analyse (A)	Ziel der Analyse
LESKOVEC et al. (2005)	E: Geschäftsfeldanalyse A: Wettbewerberanalyse, Wissensgenerierungsanalyse	Die Autoren vergleichen verschiedene Ansätze zur mathematisch-nachvollziehbaren Generierung von Graphen, die auch an einem Patentzitationsnetzwerk getestet werden. Ziel ist das Aufspüren von Mustern und Besonderheiten in Netzwerken.
LUPU et al. (2012)	E: Geschäftsfeldanalyse, Stand-der-Technik-Analyse A: Technische Lösungsanalyse, Wissensgenerierungsanalyse	In diesem Beitrag wird der Status des sogenannten *Image Mining for Patent Exploration* Projekts vorgestellt. Das Ziel des Projekts ist die Verknüpfung und Analyse von Abbildungen und deren Beschreibung innerhalb der Patenttexte.
LEE et al. (2013)	E: Stand-der-Technik-Analyse A: Verletzungsanalyse	Patentverletzungen werden anhand von Anspruchsstrukturen analysiert. Dazu werden auf Basis semantischer Analysen zunächst die Strukturen der Ansprüche bestimmt und anschließend eine anspruchsspezifische, semantische Ähnlichkeitsanalyse durchgeführt.
CSURKA (2017)	E: Stand-der-Technik-Analyse A: Verletzungsanalyse, Wissensgenerierungsanalyse	In diesem Beitrag werden verschiedene Parameter getestet, auf deren Basis Abbildungen aus Patenten identifiziert und klassifiziert werden können. Ziel der Studie ist die Identifikation relevanter Patente im Vergleich zu einem Ausgangspatent.
WITTFOTH et al. (2017)	E: Geschäftsfeldanalyse, Wertermittlung A: Qualitätsanalyse, Wissensgenerierungsanalyse	Auf Basis semantischer Schlagwörter unterscheiden die Autoren zwischen Produkt- und Herstellungsprozessansprüchen. Auf diese Weise leiten die Autoren zeitliche Verläufe und die Dynamik von Produkt- und Herstellungsprozessinnovationen sowie den Reifegrad einer Technologie ab.

6.3.4 Komponente der Visualisierung

Die Visualisierung als vierte Komponente des Systems hat die Funktion, Ergebnisse visuell darzustellen, die Interpretation zu unterstützen und das generierte Patentwissen in kompakter und einfacher Form zu vermitteln. Der Komponente Visualisierung werden demnach die Patent Intelligence Elemente Akquisition, Geschäftsfeldanalyse, Stand-der-Technik-Analyse sowie Wertermittlung zugeordnet.

Die Visualisierung erfolgt bei abstrakter Betrachtung in Form von Tabellen und Abbildungen. In Tabellen können beispielsweise ausgewählte Patentdaten und Zeichnungen aufgeführt sowie verschiedene deskriptive Statistiken oder textbasierte Analysen dargestellt werden (vgl. hierzu und im Folgenden Ernst, 2003; Walter und Schnittker, 2016; Frischkorn, 2017). Zu den deskriptiven Statistiken zählen Wettbewerber- und Erfinderrangfolgen, Patentklassenanalysen oder weitere Kennzahlen- bzw. Indikatoranalysen. Textbasierte Analysen, die in Tabellenform vorliegen, sind beispielsweise Term-Dokument-Matrizen, Ähnlichkeitsmatrizen oder rechtsbezogene Analyseergebnisse. Zur Unterstützung der Interpretation und Ergebnisdarstellung können die Tabellen entsprechend ihrer Einträge koloriert werden (beispielsweise zur Erstellung einer *Heatmap*[23]). In Abbildungen werden die Ergebnisse der Patent Intelligence häufig in Zeitreihen, Diagrammen, Ähnlichkeitskurven, Netzwerken[24], Patentlandkarten, Portfoliodarstellungen, Clustern oder Wortwolken dargestellt.

Eine Zuordnung von Visualisierungsmethoden zu Patent Intelligence Elementen ist aufgrund der Vielzahl an Möglichkeiten nicht hilfreich. Außerdem können ähnliche Visualisierungsmethoden auch zur Beantwortung unterschiedlicher Fragestellungen herangezogen werden. Beispiele zur Visualisierung können WALTER UND SCHNITTKER (2016) sowie den ausgewählten Beiträgen aus den Fachzeitschriften (Tabelle 6-9 bis 6-11) entnommen werden.

Aus den Experteninterviews geht hervor, dass die Visualisierung insbesondere für den Auftraggeber der Patent Intelligence eine bedeutende Komponente darstellt. Sie unterstützt die Übermittlung von Patentwissen in kompakter Form und kann daher zu einem Zeitgewinn für die strategischen Manager führen. Ausdrücklicher Wunsch der strategischen Manager ist eine möglichst transparente und leicht verständliche Visualisierung. Eine reine Auflistung von Rechercheergebnissen in Tabellenform zur Beantwortung der Fragestellung wird als wenig hilfreich erachtet. Die Verwendung von Visualisierungs-

---

[23] Der Begriff *Heatmap* wird nicht ausschließlich bei der Kolorierung spezifischer Patentinformationen in Tabellen verwendet, sondern beispielsweise auch bei Netzwerkdiagrammen oder Landkarten, um zentrale Bereiche und Regionen hervorzuheben (vgl. beispielsweise MIYAKE et al. (2004) sowie VOSVIEWER (2017)).

[24] Netzwerke können beispielsweise auf Erfinder-, Anmelder- und Zitationsdaten beruhen, aber auch über semantische Strukturen abgeleitet werden.

methoden ist jedoch abhängig von der Fragestellung. Beispielsweise wird zur Überprüfung der Patentfähigkeit einer Erfindung nicht zwingend eine umfangreiche, visuelle Darstellung benötigt. Häufig werden im strategischen Management jedoch Visualisierungen zur Anfertigung einer Entscheidungsgrundlage benötigt, die auf die individuellen Wünsche und Vorlieben der strategischen Manger angepasst werden können. Ist die Entscheidungsgrundlage erstellt und somit die patentbezogene Fragestellung beantwortet, kann eine Entscheidung getroffen bzw. entsprechende Konsequenz gezogen werden.

6.3.5 Komponente der Entscheidung

Die Entscheidung als fünfte Komponente des Systems hat die Funktion, das Patentwissen anzuwenden. Auf Basis der Beantwortung der Fragestellung und unter Hinzuziehung der Erfahrungen der Auftraggeber sowie bei Bedarf weiterer Informationsquellen, können Entscheidungen getroffen oder entsprechende Konsequenzen gezogen werden. Die Komponente Entscheidung spiegelt demnach den erkenntnistheoretischen Teil der Patent Intelligence Definition wider. Der Komponente Entscheidung werden folglich die Patent Intelligence Elemente Akquisition, Geschäftsfeldanalyse, Stand-der-Technik-Analyse und Wertermittlung zugeordnet.

Anhand der Experteninterviews werden Entscheidungen abgeleitet, die durch das generierte Patentwissen unterstützt und den Patent Intelligence Elementen Akquisition, Geschäftsfeldanalyse, Stand-der-Technik-Analyse und Wertermittlung zugeordnet werden können.

Tabelle 6-12 zeigt Entscheidungen, die durch das Patent Intelligence Element Akquisition unterstützt werden können. Beispielsweise können, neben der Auswahl von Geschäftspartnern, die Zusammenarbeit in Netzwerken oder die Übernahme von Unternehmen, auch Personalentscheidungen durch Patentinformationen unterstützt werden.

Tabelle 6-12: Entscheidungen, die durch das Patent Intelligence Element Akquisition unterstützt werden. Quelle: Eigene Darstellung.

Entscheidungen basierend auf dem Patent Intelligence Element Akquisition
Auswahl von Geschäftspartnern, Kooperationen und Zulieferern
Einstellung neuer Mitarbeiter
Fokus auf Zielkunden
Übernahme von Unternehmen
Unternehmensbeteiligungen
Zusammenarbeit in Netzwerken und mit Forschungsinstituten

Tabelle 6-13 listet Entscheidungen auf, die durch das Patent Intelligence Element Geschäftsfeldanalyse unterstützt werden können. Zu möglichen Entscheidungen gehören beispielsweise die Ausrichtung unternehmenseigener FuE-Aktivitäten oder die Budgetverteilung innerhalb des Unternehmens.

Tabelle 6-13: Entscheidungen, die durch das Patent Intelligence Element Geschäftsfeldanalyse unterstützt werden. Quelle: Eigene Darstellung.

Entscheidung basierend auf dem Patent Intelligence Element Geschäftsfeldanalyse
Anpassung der Produktstrategie
Budgetverteilung innerhalb des Unternehmens
Einrichtung von Monitoring-Profilen zur Überwachung von Wettbewerbern
Geschäftsmodellentwicklung
Intensive Beobachtung von Wettbewerbern
Investments in neue Technologien (Technische Umsetzbarkeit)
Marketing für das Produkt (Einzigartigkeit gegenüber der Konkurrenz)
Variationen von Produkten
Zukünftige Ausrichtung des Unternehmens

Tabelle 6-14 fasst Entscheidungen zusammen, die durch das Patent Intelligence Element Stand-der-Technik-Analyse unterstützt werden. Auch auf Basis der Informationen, die über diese Element bereitgestellt werden, können Budgetentscheidungen innerhalb des

Unternehmens getroffen werden. Darüber hinaus kann beispielsweise aufgrund bestehender Patente auch die Ausrichtung der Forschungs- und Entwicklungsstrategie angepasst werden.

Tabelle 6-14: Entscheidungen, die durch das Patent Intelligence Element Stand-der-Technik-Analyse unterstützt werden. Quelle: Eigene Darstellung.

Entscheidung basierend auf dem Patent Intelligence Element Stand-der-Technik-Analyse
Absatzmärkte und -länder (Handlungsfreiheit)
Anmeldung einer Erfindungsmeldung zum Patent
Ausrichtung der technischen Eigenschaften der Erfindung und mögliche Variationen einer Erfindung
Budgetverteilung innerhalb des Unternehmens
Investments in neue Technologien
Klage abwehren, Bußgelder zahlen aufgrund einer Verletzung eines fremden Patents
Klage einreichen aufgrund einer Patenverletzung
Variationen von Produkten
Weiterentwicklung der (Produkt-)Idee

Tabelle 6-15 fokussiert abschließend auf Entscheidungen, die durch das Patent Intelligence Element Wertermittlung unterstützt werden. Zu den Entscheidungen gehören beispielsweise die Lizenznahme von relevanten fremden Patenten sowie die Entscheidung eigene Patente zu halten oder zu veräußern.

Tabelle 6-15: Entscheidungen, die durch das Patent Intelligence Element Wertermittlung unterstützt werden. Quelle: Eigene Darstellung.

Entscheidung basierend auf dem Patent Intelligence Element Wertermittlung
Höhe der Lizenzgebühr für eigene und fremde Patente
Lizenznahme oder Kauf eines relevanten, fremden Patents
Relevanz von Patenten für das eigene Geschäftsfeld
Veräußerung eigener Patente

Durch die Experteninterviews kann bestätigt werden, dass viele der aufgeführten Entscheidungen nicht ausschließlich auf Basis von Patentinformationen getroffen werden, sondern anhand einer erweiterten Informationsgrundlage (vgl. hierzu auch Diallo und

Lupu, 2017). Eine Entscheidung wird demnach nur in seltenen Fällen alleine auf der Grundlage von Patentinformationen getroffen. Ein strategischer Manager aus Unternehmen A äußert sich beispielsweise wie folgt:

> *„Am Ende sind alles sehr, sehr viele Einzelfallentscheidungen und die Infor-*
> *mationen, die da herangezogen werden, sind sehr divers, aber es wird alles*
> *irgendwie zu einer Vorstandsvorlage verarbeitet, also zu einem Dokument,*
> *das dann im Vorstand diskutiert wird und in der Geschäftsführung wird dann*
> *die Entscheidung herbeiführt. Ich sage immer, es ist ein Treffen von Entschei-*
> *dungen auf der Basis möglichst valider Informationen. "*

> *(Strategischer Manager, Unternehmen A)*

Sind die Entscheidungen getroffen oder werden entsprechende Konsequenzen gezogen, erfolgt die Kommunikation der Ergebnisse der Patent Intelligence durch den Auftraggeber oder -nehmer. Ist der Auftragnehmer der Patent Intelligence an der Entscheidungsfindung nicht beteiligt, sollten ihm die Ergebnisse der Patent Intelligence mitgeteilt werden. Auf diese Weise bekommt der Auftragnehmer direktes Feedback zum gesamten Patent Intelligence Ablauf und kann bei einer weiteren, patentbezogenen Fragestellung gezielter agieren.

6.3.6   Komponente der Dokumentation

Die Dokumentation als sechste Komponente des Systems hat die Funktion, den Ablauf der Patent Intelligence nachvollziehbar festzuhalten. Der Komponente werden dementsprechend alle Patent Intelligence Elemente zugeordnet.

Die Dokumentation beginnt häufig bereits bei der Übermittlung der patentbezogenen Fragestellung und wird im Idealfall entlang des gesamten Patent Intelligence Ablaufs fortgesetzt. Auf Basis der Dokumentation können bereits durchgeführte Patent Intelligence Abläufe von weiteren Akteuren nachvollzogen und Erfahrungen ausgetauscht werden, um zukünftige Abläufe zu verkürzen. Zusätzlich werden die Ergebnisse unterschiedlicher Patent Intelligence Abläufe vergleichbar und gegenüber Dritten nachweisbar (Moehrle et al., 2010; Bendl und Weber, 2013; Walter und Schnittker, 2016).

Auch aus den Experteninterviews wird die Notwendigkeit und Relevanz der Dokumentation ersichtlich. Zur Unterstützung der Dokumentation sowie zur Förderung des Erfahrungsaustauschs wird von einigen der interviewten Patentmanager eine Wissensdatenbank erstellt. In dieser Wissensdatenbank erfolgt eine einheitliche, strukturierte Dokumentation. Dies ist vor allem bei der Beteiligung unterschiedlicher Akteure an Patent Intelligence Abläufen vorteilhaft. Einige Softwareprodukte unterstützen bereits die Dokumentation und Kommunikation sowie den Erfahrungsaustausch, insbesondere im Bereich der Patentrecherche (Eldridge, 2006; Giereth und Ertl, 2008; Yang et al., 2008; Moehrle et al., 2010).

6.4 Diskussion des iterativen Ablaufs der Patent Intelligence als System

Die Darstellung des iterativen Ablaufs der Patent Intelligence als System ermöglicht eine Übertragbarkeit und Vergleichbarkeit der Ablauforganisation der Patent Intelligence zwischen verschiedenen Unternehmen. Diese Übertragbarkeit und Vergleichbarkeit stellt eine Charakteristik der *General System Theory* dar:

> *"[...] General System Theory should be an important regulative device in science. The existence of laws of similar structure in different fields enables the use of systems which are simpler or better known as models for more complicated and less manageable ones. Therefore, General System Theory should be, methodologically, an important means of controlling and instigating the transfer of principles from one field to another, and it will no longer be necessary to duplicate or triplicate the discovery of the same principles in different fields isolated from each other."*

(von Bertalanffy, 1950, S. 142)

Die Komponenten des Systems können von unterschiedlichen Unternehmen genutzt werden, um spezifische Abläufe innerhalb des eigenen Unternehmens zu überprüfen, da erst das Zusammenspiel aller Komponenten zu einer Patent Intelligence führt. Die einzelnen Komponenten unterstützen folglich die Überführung der Patentinformationen in unternehmensrelevantes Wissen sowie die Anwendung des Wissens als Grundlage für unternehmensrelevante Entscheidungen.

In diesem Zusammenhang scheinen die Komponenten weitere Fähigkeiten abzubilden, welche speziell in der Ablauforganisation der Patent Intelligence benötigt werden. Um die Patent Intelligence Fähigkeiten zu unterscheiden, können diese in objektorientierte und funktionsorientierte Fähigkeiten unterteilt werden. Unter objektorientierten Fähigkeiten werden jene zusammengefasst, die der direkten Beantwortung patentbezogener Fragestellungen dienen. Dies trifft auf die Fähigkeiten zu, welche durch die Patent Intelligence Elemente des 7D Reifegradmodells abgebildet werden. Funktionsorientierte Fähigkeiten hingegen werden in der Ablauforganisation benötigt, um Patent Intelligence zu betreiben. Diese werden in den Komponenten des Systems zusammengefasst.

Der Zusammenhang zwischen den objektorientieren und den funktionsorientierten Fähigkeiten ergibt sich wie folgt: Je nach Fragestellung werden die Funktionen der Komponenten des Systems (funktionsorientierten Fähigkeiten) in unterschiedlicher Intensität benötigt. Beispielsweise wird zur Beantwortung der Frage nach der Patentfähigkeit einer Erfindung in der Regel keine umfangreiche Visualisierung, jedoch eine umfangreiche Recherche benötigt. Die Möglichkeiten, die einem Unternehmen zur Beantwortung der patentbezogenen Fragestellung zur Verfügung stehen, ergeben sich aus den Patent Intelligence Elementen (objektorientieren Fähigkeiten) sowie den jeweiligen Reifestufen, denen das Unternehmen zugeordnet ist.

Die zur Verfügung stehenden Möglichkeiten gilt es zwischen dem Auftraggeber und dem Auftragnehmer der Patent Intelligence zu kommunizieren, um die Erwartungshaltung an die Patent Intelligence zu klären. Auf diese Weise können auch die weiteren Störquellen, die im Kommunikationsmodell zwischen Auftraggeber und -nehmer der Patent Intelligence auftreten, minimiert werden.

6.5 Exkurs: Agile Patent Intelligence

Die Verknüpfung des Systems zur Darstellung des iterativen Ablaufs der Patent Intelligence mit den Patent Intelligence Elementen des 7D Reifegradmodells ermöglicht die Einführung einer agilen Patent Intelligence in Unternehmen, denen unterschiedliche Mittel für die Patent Intelligence zur Verfügung stehen. Agilität im Zusammenhang mit dem Projektmanagement wird häufig anhand einer iterativ-inkrementellen Vorgehensweise, einem sogenannten *Timeboxing*, selbstorganisierten Projektteams sowie einer änderungsfreundlichen Projektstruktur erklärt (Gessler, 2016; Gloger, 2016). Diese Begriffe werden nachfolgend erläutert und in Zusammenhang mit der Patent Intelligence gebracht.[25]

Auf Basis einer iterativ-inkrementellen Vorgehensweise wird im agilen Projektmanagement in kurzer Zeit ein funktionsfähiges Ergebnis geliefert. Dieses Ergebnis wird daraufhin in weiteren, kurzen Iterationsschleifen verbessert und erweitert. Für die Patent Intelligence bedeutet die iterativ-inkrementelle Vorgehensweise, dass zunächst anhand der patentbezogenen Fragestellung (und bei Bedarf weiterführender Informationen) eine Grundlage zur Entscheidung geschaffen wird, woraufhin in weiteren Iterationsschritten entlang der Komponenten des Systems das Ergebnis verfeinert wird.

Das sogenannte *Timeboxing* bedeutet für das agile Projektmanagement, dass die Iterationen vordefinierte Zeitabstände durchlaufen und ein genauer Termin für das Ende des Projekts festgelegt wird. Auch beim Auftreten von Problemen werden die zeitlichen Abstände und der Endtermin weder verlängert noch verschoben, vielmehr es kommt zu einer Anpassung der Ergebnisse. Für die Patent Intelligence bedeutet das *Timeboxing*, dass Auftraggeber und Auftragnehmer einen festen, zeitlichen Rahmen für die Patent Intelligence festlegen. Der zeitliche Rahmen kann beispielsweise auf einzelne Komponenten, Iterationen oder auf die Festlegung von festen Abständen zur Kommunikation bzw. zur Rücksprache im Hinblick auf die Ergebnisse bezogen werden.

---

[25] Die Idee zum agilen Patent Intelligence wird an dieser Stelle unter der Voraussetzung erläutert, dass bereits erste Vorkenntnisse im Bereich des agilen Projektmanagements vorhanden sind. Eine Einführung in das agile Projektmanagement sowie in agile Projektmanagementmethoden sind bei GESSLER (2016) und GLOGER (2016) zu finden.

Selbstorganisierte Teams bedeutet im Zusammenhang mit dem agilen Projektmanagement, dass alle Teammitglieder gleichberechtigt sind und das Team sich selbst organisiert, um den Arbeitsanforderungen bestmöglich gerecht zu werden. Dazu wird beispielsweise in der agilen Projektmanagementmethode Scrum[26] mit den beteiligten Akteuren ein Anforderungskatalog (das sogenannte *Product Backlog*) erstellt, welcher in
kleineren Teams eigenständig umgesetzt wird. Für die Patent Intelligence bedeuten
selbstorganisierte Teams, dass Auftraggeber und -nehmer zunächst gemeinsam aus den
einzelnen Komponenten des Systems einen Anforderungskatalog zur Beantwortung der
patenbezogenen Fragestellung erstellen. Der Auftraggeber vermittelt dazu dem Auftragnehmer die gewünschten Anforderungen und das Ziel der Patent Intelligence. Der Auftragnehmer (in diesem Fall das selbstorganisierte Team) setzt daraufhin eigenständig
die Anforderungen um. Die Größe des Teams ist in diesem Fall abhängig von den zur
Verfügung stehenden Mitteln für die Patent Intelligence.

Eine änderungsfreundliche Projektstruktur bedeutet im Zusammenhang mit dem agilen
Projektmanagement, dass im Verlauf des Projekts Anforderungen geändert werden können. Änderungen werden im agilen Projektmanagement positiv bewertet. Für die Patent
Intelligence bedeutet eine änderungsfreundliche Projektstruktur, dass Änderungen an
die Anforderungen im Hinblick auf einzelne Komponenten des Systems auftreten können. Diese Änderungen sind beispielsweise auf längere Produktentwicklungszeiten zurückzuführen, in der patentbezogene Fragestellungen mehrfach (in leicht geänderter
Form) auftreten können. Wiederholt auftretende Fragestellungen können über eine
nachvollziehbare Dokumentation mit geringerem Aufwand beantwortet werden. Änderungen in den Anforderungen sollten vom Auftraggeber begründet und klar kommuniziert werden. Eine iterativ-inkrementelle Vorgehensweise unterstützt jedoch die änderungsfreundliche Projektstruktur.

---

[26] Scrum ist eine agile Projektmanagementmethode, in der eine klare Rollenverteilung vorliegt. Die Methodik wird
häufig zur Produkt- und Softwareentwicklung angewendet, da in diesen Projekten die Spezifikation des Endergeb-
nisses zu Beginn des Projekts nicht unbedingt vorliegt. Der Fortschritt des Projekts sowie mögliche Änderungen
der Spezifikationen werden in regelmäßigen Abständen im Team besprochen, um schrittweise das Ergebnis zu
verfeinern (Gloger, 2016).

Für Unternehmen bedeutet die agile Patent Intelligence, dass erste Ergebnisse einer Patent Intelligence bereits nach kurzer Zeit vorliegen und bei Bedarf Anforderungsänderungen vorgenommen werden können. Darüber hinaus kann eine Transparenz über die zur Verfügung stehenden Mittel sowie die dadurch zu erwartenden Ergebnisse geschaffen werden. Um die agile Patent Intelligence in einem Unternehmen zu unterstützen, ist vorstellbar, dass vom Auftragnehmer der Patent Intelligence Beispiele zur Ausführung der verschiedenen Komponenten des Systems angefertigt werden, anhand derer sich die Auftraggeber im Hinblick auf ihre Anforderungen orientieren können. Darüber hinaus hilft eine frühzeitige Kommunikation der Möglichkeiten, die Erwartungshaltung der beteiligten Akteure zu klären und – hypothetisch formuliert – die Motivation und Leistungsbereitschaft der beteiligten Akteure zu steigern. Zur Kommunikation der Möglichkeiten der Patent Intelligence sowie zur Identifikation von Schwachstellen können wiederum die Patent Intelligence Elemente des 7D Reifegradmodells herangezogen werden.

7 Zusammenfassung, Implikation und Abschluss der Arbeit

In dieser Arbeit werden Möglichkeiten zur Analyse und Weiterentwicklung von Patent Intelligence Fähigkeiten in der unternehmerischen Praxis anhand von vier Fallstudien aufgezeigt. Die Ergebnisse der Arbeit sowie die Beantwortung der forschungsleitenden Fragestellungen werden in diesem Kapitel resümiert sowie deren Implikationen dargestellt. Zudem werden Limitationen der Arbeit aufgezeigt und Anreize für weitere Forschungsarbeiten gegeben.

7.1 Zusammenfassung der Arbeit

Patent Intelligence unterstützt technologieorientierte Unternehmen bei der Auffindung, Ordnung, Untersuchung und Bewertung von Patentinformationen zur systematischen Wissenserschließung sowie zur Nutzung des Wissens für unternehmensrelevante Entscheidungen. Dazu beginnt Patent Intelligence mit einer patentbezogenen Fragestellung, die ein Auftraggeber an einen Auftragnehmer richtet. Zur Beantwortung der Fragestellung und somit zur Überführung von Patentdaten in unternehmensrelevantes Wissen, werden verschiedene Fähigkeiten benötigt. Diese Fähigkeiten können in objektorientierte und funktionsorientiere Fähigkeiten unterteilt werden.

Objektorientierte Fähigkeiten dienen der Beantwortung spezifischer, patentbezogener Fragestellungen und sind in den Elementen der Dimension Intelligence des 7D Reifegradmodells für das Patentmanagement abgebildet. Die Dimension Intelligence umfasst insgesamt fünf Elemente, die als Informationsnutzung, Akquisition, Geschäftsfeldanalyse, Stand-der-Technik-Analyse und Wertermittlung bezeichnet werden und in bis zu fünf Reifestufen beschrieben sind. Diese Elemente können von Unternehmen genutzt werden, um Stärken und Schwächen ihrer Patent Intelligence zu identifizieren und Entwicklungsmaßnahmen abzuleiten. Eine fallstudienbasierte Anwendung des 7D Reifegradmodells in der Dimension Intelligence zeigt, dass die vier ausgewählten Unternehmen auch bei Verwendung unterschiedlicher Mittel ähnliche Reifestufen in den Patent Intelligence Elementen erreichen. Zudem planen die Unternehmen schrittweise Verbesserungen anstelle großer Sprünge zwischen Reifestufen in ausgewählten Elementen. Unterschiede zwischen den Unternehmen liegen vor allem in der Art und Weise, wie Verbesserungen angestrebt werden. So definieren die Unternehmen Maßnahmen, die an

© Springer Fachmedien Wiesbaden GmbH, ein Teil von Springer Nature 2019
M. Wustmans, *Patent Intelligence zur unternehmensrelevanten Wissenserschließung*,
Forschungs-/ Entwicklungs-/ Innovations-Management,
https://doi.org/10.1007/978-3-658-24066-0_7

die bestehenden Fähigkeiten und Mittel für die Patent Intelligence sowie die Bedürfnisse der Unternehmen angepasst sind. Die Patent Intelligence Elemente des 7D Reifegradmodells stellen folglich eine nützliche Hilfestellung zur Analyse und Weiterentwicklung der Patent Intelligence dar. Die Patent Intelligence Elemente legen den Fokus dazu auf spezifische Fähigkeiten, die unabhängig voneinander betrachtet werden können. Dennoch stehen diese in einem Zusammenhang, um die Beantwortung patentbezogener Fragestellungen zu unterstützen.

Zur Analyse des Zusammenhangs der Patent Intelligence Elemente erweist sich die Darstellung der Ablauforganisation der Patent Intelligence als System als nützlich. Das System besteht aus sechs Komponenten, die als Vorbereitung, Recherche, Analyse, Visualisierung, Entscheidung und Dokumentation bezeichnet werden. Die Komponenten bilden die funktionsorientierten Fähigkeiten der Patent Intelligence ab, welche interagieren, um Patentdaten in unternehmensrelevantes Wissen zu überführen und das Wissens als Grundlage für Entscheidungen anzuwenden. Die Komponenten besitzen dazu eigenständige Funktionen und werden durch die beteiligten Akteure (Auftraggeber und -nehmer[27]) ausgeführt. Die Patent Intelligence Elemente wiederum können den Komponenten des Systems zugeordnet werden. Auf diese Weise zeigen sich der Einfluss der jeweiligen Reifestufe eines Elements auf die Funktion der Komponente sowie der Zusammenhang der Patent Intelligence Elemente untereinander.

Die Abbildung von Patent Intelligence Fähigkeiten in Elementen und Komponenten, die Beschreibung von Elementen in Reifestufen sowie die Zuordnung der Elemente zu Komponenten eines Systems, ermöglichen Unternehmen die Analyse und systematische Weiterentwicklung der Patent Intelligence und vereinfachen zudem den Zugang zur modernen, virtuellen Bibliothek von Alexandria: den Patentdatenbanken.

---

[27] Auftraggeber und Auftragnehmer stellen in dieser Arbeit die strategischen Manager und Patentmanager eines Unternehmens dar. Auftraggeber und Auftragnehmer sind nicht zwangsläufig einzelne Personen, sondern können auch eine Gruppe von mehreren (internen und externen) Personen darstellen.

7.2 Implikationen der Ergebnisse

Die Ergebnisse dieser Arbeit führen zu verschiedenen Implikationen, die nachfolgend im Hinblick auf die Theorie und unternehmerische Praxis diskutiert werden. Für die Theorie ergeben sich vor allem Implikationen im Hinblick auf die Definition von Patent Intelligence Fähigkeiten, die unternehmerische Praxis profitiert von den Möglichkeiten zur Analyse und Weiterentwicklung dieser Fähigkeiten.

7.2.1 Implikationen für die Theorie

Die Implikationen für die Theorie ergeben sich im Hinblick auf die Definition des Begriffs Patent Intelligence, die Darstellung eines Kommunikationsmodells zwischen Auftraggeber und -nehmer sowie die Beschreibung von Fähigkeiten für die Patent Intelligence. Das Kommunikationsmodell sowie die Fähigkeiten wurden bereits ausführlich in dieser Arbeit diskutiert. Nachfolgend wird daher ergänzend die Definition des Begriffs Patent Intelligence aufgegriffen.

Die Definition des Begriffs Patent Intelligence zielt auf die Auffindung, Ordnung, Untersuchung und Bewertung von Patentinformationen, welche zur systematischen Wissenserschließung genutzt werden und unternehmensrelevante Entscheidungen unterstützen. Die Ergebnisse der Fallstudien sowie die Untersuchung der Ablauforganisation der Patent Intelligence zeigen jedoch, dass zur Beantwortung bestimmter, patentbezogener Fragestellungen auch Informationen benötigt werden, die außerhalb von Patentdatenbanken abgespeichert sind.[28]

Zur Beantwortung patentbezogener Fragestellungen sollte demnach der Begriff Patentinformationen in der Definition so verstanden werden, als dass darunter alle Informationen zusammengefasst werden, die der Beantwortung patentbezogener Fragestellung dienen. Hierzu zählen auch wissenschaftliche Fachartikel, Unternehmensbroschüren, Internetauftritte der Unternehmen, Zeitungsartikel oder Blogbeiträge (Bonino et al., 2010). Diese Informationen können dann mit den Informationen aus Patentdatenbanken kombiniert werden, um die patentbezogene Fragestellung zu beantworten (vgl. hierzu Narin et al., 1987; van Looy et al., 2006; Czarnitzki et al., 2007; Goeldner et al., 2015).

---

[28] Ein Beispiel ist die Ermittlung des Standes der Technik im Hinblick auf eine spezifische Technologie.

Im Hinblick auf die Methoden des Data-, Text- und Graph-Minings sowie unter Berücksichtigung verschiedener Daten und der Definition des Begriffs Intelligence kann von
einem multihybriden Ansatz der Patent Intelligence gesprochen werden.[29] Dieser mul-
tihybride Ansatz setzt sich aus einer Kombination aus Data-, Text- und Graph-Mining
Methoden, angewendet auf verschiedene Daten zur Beantwortung patentbezogener Fragestellungen sowie dem Fachwissen und den Erfahrungen der Auftraggeber und -neh-
mer der Patent Intelligence zusammen.

Im Zusammenhang mit Informationen speziell aus Patenten und Patentanmeldungen gilt
es zu beachten, dass immer einen zeitlicher Versatz zwischen der Erfindungsmeldung
im Unternehmen, der Anmeldung der Erfindungsmeldung zum Patent, der Offenlegung
der Patentanmeldung sowie der Patenterteilung besteht (Walter und Schnittker, 2016).
Dieser zeitliche Versatz liegt auch bei der Analyse sich schnell ändernder Märkte und
Technologien auf Basis von Informationen aus Patenten und Patentanmeldungen vor.
Diese Informationen stellen laut Aussagen der Experten jedoch in einigen Fällen die
einzige Möglichkeit dar, FuE-Aktivitäten von Wettbewerbern zu beobachten und demnach auch die einzige Möglichkeit, Informationen über sich schnell ändernde Märkte
und Technologien zu erhalten. In anderen Fällen hingegen sprechen die Experten von
Informationen aus Patenten und Patentanmeldungen als einem kleinen Teil der Informationsgrundlage, der für Entscheidungen herangezogen wird. Diese wechselseitige
Sichtweise spiegelt die Zuordnung der Patent Intelligence zur Technologie Intelligence
sowie die erweiterte Betrachtung von Patentinformationen (über Patentdatenbanken hinaus) wider. Außerdem können unter diesen Gesichtspunkten dem Patentmanagement,
bei Beteiligung an der Patent Intelligence, die Aufgaben der Informationsbeschaffung
und Wissenserschließung zugeordnet werden, wodurch das Patentmanagement zu einem Informationsdienstleister für das strategische Management wird.

---

[29] Hybride Ansätze als Kombination aus Data-, Text- und Graph-Mining Methoden basierend auf Patentdaten
werden bereits in HEYER et al. (2006) diskutiert.

7.2.2 Implikationen für die unternehmerische Praxis

Der Fokus auf organisatorische Kernfähigkeiten und -kompetenzen stellt einen modernen Ansatz des strategischen Managements dar (Welge et al., 2017). Für die unternehmerische Praxis ergeben sich daher vor allem Implikationen im Hinblick auf die Möglichkeiten zur Analyse und Weiterentwicklung der Patent Intelligence Fähigkeiten. Zu diesem Zweck repräsentieren das 7D Reifegradmodell und die Darstellung der Patent Intelligence als System Instrumente für das strategische Management. Diese Instrumente können zusätzlich für weitere Zwecke genutzt werden. So kann eine Anwendung zur Kommunikationsverbesserung führen, indem unterschiedliche Ansichten im Hinblick auf die Reifestufen diskutiert werden. Außerdem können die zur Verfügung stehenden Mittel aufgezeigt, Maßnahmen zur Weiterentwicklung abgestimmt und die Erwartungshaltung an die Patent Intelligence geklärt werden.

Weitere Implikationen für die unternehmerische Praxis ergeben sich aus den aufgestellten Propositionen. Diese stellen als Wirkungsvermutungen den Zusammenhang zwischen der ressourcenbasierten Theorie, den dynamischen Fähigkeiten und der Patent Intelligence dar und zeigen die Bedeutung der Patent Intelligence für das strategische Management. Aus den Fallstudien geht hervor, dass die Unternehmen die Patentaktivitäten des Wettbewerbs beobachten, um Handlungsempfehlungen abzuleiten, eigene Ideen für Erfindungen zu generieren und mögliche Entwicklungstrends sowie Entwicklungsdefizite des Wettbewerbs zu identifizieren. Zusätzlich nutzen die Unternehmen Patentinformationen, um gezielt spezifische Technologien im Hinblick auf den Stand der Technik sowie die eigene Handlungsfreiheit zu analysieren und den Wert der eigenen Erfindung im Vergleich zu Erfindungen des Wettbewerbs zu ermitteln. Patentinformationen werden folglich verwendet, um eigene Erfindungen gegenüber Erfindungen des Wettbewerbs abzugrenzen. Aus den Fallstudien sowie den Experteninterviews geht zudem hervor, dass eine Analyse des unternehmenseigenen Patentportfolios eine Überarbeitung und Optimierung unterstützt. In Unternehmen A werden beispielsweise gezielt Analysen durchgeführt, um die Relevanz der eigenen Patente in den Ländern zu bestimmen, in denen das Patent rechtskräftig ist. Die sieben Propositionen können daher anhand der Fallstudien weiter bekräftigt werden.

Im Hinblick auf die Identifikation und Analyse dynamischer Fähigkeiten eines Unternehmens ergeben sich weitere Implikationen für die unternehmerische Praxis. In den Propositionen wird gezeigt, dass die Patent Intelligence Fähigkeiten eines Unternehmens auch einen dynamischen Charakter aufweisen, da sie Unternehmen ermöglichen, interne und externe Ressourcen zu kombinieren und zu rekonfigurieren. Aus TEECE et al. (1997) geht hervor, dass dynamische Fähigkeiten in Prozessen, Positionen und Pfaden eines Unternehmens identifiziert werden können. Das System und das 7D Reifegradmodell für das Patentmanagement unterstützen eine derartige Identifikation. Anhand des Systems können die Ablauforganisationen der Patent Intelligence und somit die unternehmensinternen Prozesse im Hinblick auf die einzelnen Komponenten des Systems analysiert werden, da diese für eine Patent Intelligence erforderlich sind. Die Komponenten des Systems unterstützen außerdem die Erfahrungssammlung und das Wissensmanagement, wodurch zusätzlich die Entwicklung dynamischer Fähigkeiten unterstützt wird (Zollo und Winter, 2002). Zur Analyse der Positionen und Pfade gilt es, die zur Verfügung stehenden Mittel für die Patent Intelligence zu untersuchen und bei Bedarf anzupassen. Eine Anpassung der Positionen und Pfade kann zu einem verbesserten Ergebnis der Patent Intelligence führen. Dies kann durch die Ableitung von Maßnahmen zur Erreichung des Soll-Zustandes in den Patent Intelligence Elementen und folglich durch das 7D Reifegradmodell gesteuert werden.

Alles in allem bilden die objektorientierten und funktionsorientierten Fähigkeiten die Grundlage zur Analyse und systematischen Weiterentwicklung der Patent Intelligence sowie zur Kommunikation zwischen Auftraggeber und -nehmer. Die Patent Intelligence Fähigkeiten sind folglich die Antwort auf die Frage, wie Unternehmen der Zugang zur modernen, virtuellen Bibliothek von Alexandria erleichtert und wie durch die Überführung der dort vorhandenen Patentdaten in unternehmensrelevantes Wissen das strategische Management unterstützt werden kann.

7.3 Limitationen

Diese Arbeit weist verschiedene Limitationen auf, die sowohl das methodische Vorgehen als auch die Ergebnisse betreffen.[30] Hinsichtlich des methodischen Vorgehens gehören die Selbstauskunft der Interviewpartner im Hinblick auf die Ist- und Soll-Zustände der Patent Intelligence Elemente sowie die entsprechenden Entwicklungsmaßnahmen zu den Limitationen. Die Zuordnung der Unternehmen zu den Ist-Zuständen der einzelnen Patent Intelligence Elemente erfolgte zunächst auf Basis der Auswertung der Experteninterviews, an der die Experten selbst nicht beteiligt waren. Im Anschluss an die Auswertung werden die Ergebnisse der Zuordnung in Workshops validiert. Bei dieser Vorgehensweise wird zwar nach Möglichkeit die Subjektivität der beteiligten Personen minimiert, diese kann dennoch nicht vollständig ausgeschlossen werden. Dies ist bedingt durch eine fehlende Operationalisierung der einzelnen Reifestufen der Patent Intelligence Elemente, welche jedoch durch die bewusste Breite in der Beschreibung der Reifestufen der Elemente zu erklären ist. Innerhalb der Workshops werden außerdem die Soll-Zustände definiert sowie Entwicklungsmaßnahmen für die einzelnen Elemente abgeleitet. Die Personen, die an den Workshops teilgenommen haben, waren ausschließlich Patentmanager der Unternehmen. Eine Subjektivität kann folglich auch hier nicht vollständig ausgeschlossen werden. Spezifische Entwicklungsmaßnahmen sind möglicherweise bewusst verschwiegen worden, da diese einen zu großen Mehraufwand für Patentmanager bedeuten würden. Dem wird jedoch durch die Entwicklung weiterer Möglichkeiten entgegengewirkt. Eine weitere Limitation im Hinblick auf das methodische Vorgehen stellt die Befragung der strategischen Manager als Auftraggeber und der internen Patentmanager als Auftragnehmer der Patent Intelligence dar. Weitere interne und externe Akteure der Patent Intelligence haben nicht zur Datenbasis der Fallstudien beigetragen.

Zudem weisen die Ergebnisse verschiedene Limitationen auf. So ist ein direkter Vergleich der einzelnen Unternehmen aufgrund unterschiedlicher Merkmale schwierig. Entsprechend sind Übertragungen auf andere Unternehmen daher als Vorschläge und

---

[30] Auch Reifegradmodelle weisen verschiedene Limitationen und Nachteile auf. Hierzu geben beispielsweise KAMPRATH (2011) sowie PÖPPELBUß UND RÖGLINGER (2011) eine Übersicht.

nicht als Richtlinien zu verstehen. Die fallstudienübergreifende Analyse und der Vergleich von Reifestufen führen dennoch zu Gemeinsamkeiten, Unterschieden und Gründen für die Unterschiede. Diese werden qualitativ ermittelt. Um Zusammenhänge zu erklären, beispielsweise zwischen den zur Verfügung stehenden Mitteln und den Ist- und Soll-Zuständen der Reifestufen, wird eine breitere Datenbasis benötigt. Des Weiteren stellt die Anzahl der Vollzeitäquivalente für Patentthemen, welche ausschließlich auf interne Mitarbeiter bezogen ist, eine Limitation dar. Ein quantitativer Vergleich der zur Verfügung stehenden Mittel, bestehend aus internen und externen Ressourcen, kann folglich auf Basis der Ergebnisse dieser Arbeit nicht durchgeführt werden.

7.4   Zukünftiger Forschungsbedarf

Die Limitationen können zum Teil in zukünftigen Forschungsarbeiten adressiert werden. Dazu werden fünf Stränge vorgeschlagen. Den ersten Strang stellt die Durchführung weiterer qualitativer Fallstudien basierend auf teilstrukturierten und strukturierten Interviews dar. So kommen neben den strategischen Managern und den internen Patentabteilungen auch weitere Auftraggeber (z.B. Erfinder) und -nehmer (externe Dienstleister) der Patent Intelligence in Frage. Zur Ableitung von Handlungsempfehlungen im Hinblick auf die Ist- und Soll-Zustände der Patent Intelligence Elemente können außerdem großflächige Umfragen basierend auf strukturierten Fragebögen durchgeführt werden. Auf diese Weise können Abhängigkeiten und Korrelationen zwischen Reifestufen und Merkmalen der Unternehmen analysiert werden. Dazu können die bestehenden Merkmale ergänzt werden (z.B. um das Alter der Unternehmen oder den Zeitraum ihrer Patentaktivitäten), um Handlungsempfehlungen auch zeitlich auflösen zu können. Zur Umsetzung derartiger Studien müssen die Reifestufen jedoch weiter operationalisiert werden. Ist eine Operationalisierung erfolgt, können der Bedarf an Verbesserungen quantifiziert werden. Vorstellbar ist, dass ein Schwellenwert eingeführt wird, der eine durchschnittliche Reifestufe ermittelt. Der Schwellenwert kann daraufhin genutzt werden, um Leistungsvergleiche zwischen Unternehmen durchführen zu können.

Ein zweiter Strang für weitere Forschungsarbeiten liegt in der Analyse der Verbindungen zwischen den Elementen der unterschiedlichen Dimensionen des 7D Reifegradmodells. In dieser Arbeit wird bereits deutlich, dass die Patent Intelligence Elemente auch weitere Elemente des 7D Reifegradmodells tangieren. Weitere Forschungsarbeiten können aufzeigen, wie genau sich der Einfluss der Patent Intelligence Elemente auf die verschiedenen weiteren Elemente auswirkt. Daraus können weitere Möglichkeiten erschlossen werden, inwiefern die Patent Intelligence das Patentmanagement des Unternehmens unterstützen kann. Dazu ist vorstellbar, dass das gesamte 7D Reifegradmodell in einem Unternehmen angewendet wird.

Als dritter Strang wird die Erforschung des Einflusses des strategischen Managements auf die Mittel, die einem Unternehmen für die Patent Intelligence zur Verfügung stehen, vorgeschlagen. Hierzu kann der Ansatz der *Resource Orchestration Theory* verwendet werden. Dieser gilt als Erweiterung der ressourcenbasierten Theorie und fokussiert auf den Einfluss des strategischen Managements auf die Ressourcen eines Unternehmens (Barney et al., 2011; Sirmon et al., 2011). In diesem Zusammenhang können auch die Verbindungen zwischen der Patent Intelligence und weiteren Intelligence Systemen eines Unternehmens analysiert werden, um gemeinsame Ressourcen zu identifizieren. Außerdem können Möglichkeiten aufgezeigt werden, wie verschiedene Methoden und unterschiedliche Daten zusammengeführt werden können (multihybrider Ansatz).

Den vierten Strang bildet die Erforschung des Nutzens von Patentinformationen entlang des Innovationsprozesses eines Unternehmens ab. Dazu kann ein Stage-Gate Ansatz (Cooper, 1990) die Grundlage bilden, um die Nutzung von Patentinformationen für verschiedene Entscheidungen entlang des Innovationsprozesses darzustellen. Außerdem zeigen die in dieser Arbeit durchgeführten Experteninterviews, dass in diesem Zusammenhang mögliche Hemmnisse und Hindernisse zur Nutzung von Patentinformationen in der unternehmerischen Praxis untersucht werden können. Diese Hemmnisse und Hindernisse zur Nutzung von Patentinformationen sind zum einen auf die Aufbereitung der Ergebnisse einer Patentrecherche oder eine entsprechende Analyse zurückzuführen, betreffen aber auch das Bewusstsein der Mitarbeiter des Unternehmens im Hinblick auf Schutzrechte für geistiges Eigentum. Eine Erforschung der Hemmnisse und Hindernisse zur Nutzung von Patentinformationen kann zur Ableitung von Handlungsempfehlungen genutzt werden und daneben weitere, mögliche Störquellen zwischen dem Auftraggeber und dem Auftragnehmer der Patent Intelligence aufzeigen.

Als fünften Strang wird die Entwicklung eines prozessorientierten Reifegradmodells für die Patent Intelligence vorgeschlagen. Die Reifestufen des prozessorientierten Reifegradmodells können sich dabei an den Reifestufen der *Capability Maturity Model Integration* (CMMI) orientieren. Prozesse werden dort in den Reifestufen *Incomplete, Performed, Managed, Defined, Quantitatively Managed* und *Optimizing* bewertet (CMMI, 2002). Als Grundlage zur Bewertung kann die Beschreibung der Patent Intelligence als System genutzt werden. Werden beispielsweise nicht alle Komponenten des Systems im Unternehmen berücksichtigt, führt dies zur Reifestufe *Incomplete*. Das fähigkeitsorientierte 7D Reifegradmodell für das Patentmanagement kann folglich eine übergeordnete Ebene zur Untersuchung des Patentmanagements in der unternehmerischen Praxis darstellen. Weiterhin ist vorstellbar, dass innerhalb der einzelnen Dimensionen Systeme den Zusammenhang der Elemente aufzeigen, um verschiedene, unternehmensspezifische Prozesse abzubilden. Prozessorientierte Reifegradmodelle können daraufhin genutzt werden, um eine Bewertung der abgebildeten Prozesse durchzuführen und Entwicklungsmaßnahmen abzuleiten (vgl. beispielsweise CMMI, 2002; Woronowicz et al., 2012).

Literaturverzeichnis

Abbas, A.; Zhang, L. und Khan, S. U. (2014). A Literature Review on the State-of-the-Art in Patent Analysis. *World Patent Information*, 37, 3-13.

Adams, S. (2004). Certification of the Patent Searching Profession - A Personal View. *World Patent Information*, 26(1), 79-82.

Albert, T. (2016). Measuring Technology Maturity: Operationalizing Information from Patents, Scientific Publications, and the Web. Springer Gabler, Wiesbaden.

Alberts, D.; Yang, C. B.; Fobare-DePonio, D.; Koubek, K.; Robins, S.; Rodgers, M.; Simmons, E. und DeMarco, D. (2017). Introduction to Patent Searching. In: Lupu, M., Mayer, K., Kando, N.und Trippe, A. J. (Hrsg.) Current Challenges in Patent Information Retrieval. (2. Auflage) Springer Verlag, Berlin.

Albrecht, F. (1993). Strategisches Management der Unternehmensressource Wissen: Inhaltliche Ansatzpunkte und Überlegungen zu einem konzeptionellen Gestaltungsrahmen. Lang,

Allcock, H. M. und Lotz, J. W. (1977). Patent Intelligence and Technology - Revealing Pseudo Proprietary Information in a new Format. In: 174th National Meeting of the American Chemical Society, Chicago, Illinois.

Ansoff, H. I. und McDonnell, E. J. (1988). The New Corporate Strategy. John Wiley & Sons, New York, NY.

Archontopoulos, E.; Guellec, D.; Stevnsborg, N.; van Pottelsberghe de la Potterie, B. und van Zeebroeck, N. (2007). When Small is Beautiful: Measuring the Evolution and Consequences of the Voluminosity of Patent Applications at the EPO. *Information Economics and Policy*, 19(2), 103-132.

Arman, H. und Foden, J. (2010). Combining Methods in the Technology Intelligence Process: Application in an Aerospace Manufacturing Firm. *R&D Management*, 40(2), 181-194.

Asche, G. (2017). "80% of Technical Information Found only in Patents" – Is there Proof of This? *World Patent Information*, 48, 16-28.

Atkinson, K. H. (2008). Toward a More Rational Patent Search Paradigm. In: Proceedings of the 1st ACM workshop on Patent information retrieval,

Azzopardi, L.; Vanderbauwhede, W. und Joho, H. (2010). Search System Requirements of Patent Analysts. In: Proceedings of the 33rd international ACM SIGIR conference on Research and development in information retrieval,

Barney, J. B. (1991). Firm Resources and Sustained Competitive Advantage. *Journal of Management*, 17(1), 99-120.

Barney, J. B.; Ketchen, D. J. und Wright, M. (2011). The Future of Resource-based Theory Revitalization or Decline? *Journal of Management*, 37(5), 1299-1315.

Baxter, P. und Jack, S. (2008). Qualitative Case Study Methodology: Study Design and Implementation for Novice Researchers. *The Qualitative Report*, 13(4), 544-559.

Becker, J.; Knackstedt, R. und Pöppelbuß, J. (2009). Entwicklung von Reifegradmodellen für das IT-Management. *Wirtschaftsinformatik*, 51(3), 249–260.

Becker, J.; Knackstedt, R.; Pöppelbuß, J. und Schwarze, L. (2008). Das IT Performance Measurement Maturity Model - Ein Reifegradmodell für die Business Intelligence - Unterstützung des IT-Managements. In *Data Warehousing*, St. Gallen, 53-74.

Bendl, E. und Weber, G. (2013). Patentrecherche und Internet. Heymanns, Köln

Bergmann, I.; Butzke, D.; Walter, L.; Fuerste, J. P.; Moehrle, M. G. und Erdmann, V. A. (2008). Evaluating the Risk of Patent Infringement by Means of Semantic Patent Analysis: The Case of DNA Chips. *R&D Management*, 38(5), 550-562.

Bititci, U. S.; Garengo, P.; Ates, A. und Nudurupati, S. S. (2015). Value of Maturity Models in Performance Measurement. *International Journal of Production Research*, 53(10), 3062–3085.

© Springer Fachmedien Wiesbaden GmbH, ein Teil von Springer Nature 2019
M. Wustmans, *Patent Intelligence zur unternehmensrelevanten Wissenserschließung*,
Forschungs-/ Entwicklungs-/ Innovations-Management,
https://doi.org/10.1007/978-3-658-24066-0

Blackman, M. (1995). Provision of Patent Information: A National Patent Office Perspective. *World Patent Information*, 17(2), 115-123.

Blanchard, B. S.; Fabrycky, W. J. und Fabrycky, W. J. (1990). Systems Engineering and Analysis. (4. Auflage) Prentice Hall Englewood Cliffs, NJ,

BMWi (2010). Mit dem Patent zum Erfolg - Innovationsförderung für Unternehmen.

BMZ 2017. Bundesministerium für wirtschaftliche Zusammenarbeit und Entwicklung. URL: https://www.bmz.de/de/themen/welthandel/welthandelssystem/TRIPS.html. Abgerufen am 25.01.2017

Bonino, D.; Ciaramella, A. und Corno, F. (2010). Review of the State-of-the-Art in Patent Information and Forthcoming Evolutions in Intelligent Patent Informatics. *World Patent Information*, 32(1), 30-38.

Buch, B. (2008). Text Mining: Zur automatischen Wissensextraktion aus unstrukturierten Textdokumenten. VDM Publishing,

Burr, W.; Stephan, M.; Soppe, B. und Weisheit, S. (2007). Patentmanagement: Strategischer Einsatz und ökonomische Bewertung von technologischen Schutzrechten. Schäffer-Poeschel, Stuttgart.

Cantrell, R. (1997). Patents Intelligence from Legal and Commercial Perspectives. *World Patent Information*, 19(4), 251-264.

Carlsson, B.; Jacobsson, S.; Holmén, M. und Rickne, A. (2002). Innovation Systems: Analytical and Methodological Issues. *Research policy*, 31(2), 233-245.

Chamoni, P. und Gluchowski, P. (2004). Integrationstrends bei Business-Intelligence-Systemen. *Wirtschaftsinformatik*, 46(2), 119-128.

Cleve, J. und Lämmel, U. (2016). Data Mining. (2. Auflage) De Gruyter Oldenbourg, Berlin/Boston.

CMMI, P. T. (2002). Capability Maturity Model Integration (CMMI), Version 1.1. CMMI for Systems Engineering, Software Engineering, Integrated Product and Process Development, and Supplier Sourcing (CMMI-SE/SW/IPPD/SS, V1. 1),

Cook, D. J. und Holder, L. B. (2006). Mining Graph Data. John Wiley & Sons, Hoboken, New Jersey.

Cooper, R. G. (1990). Stage-Gate Systems: A New Tool for Managing New Products. *Business Horizons*, 33(3), 44-54.

Csurka, G. (2017). Document Image Classification, with a Specific View on Applications of Patent Images. In: Lupu, M., Mayer, K., Kando, N.und Trippe, A. J. (Hrsg.) Current Challenges in Patent Information Retrieval. Springer Berlin Heidelberg, Berlin, Heidelberg.

Czarnitzki, D.; Glänzel, W. und Hussinger, K. (2007). Patent and Publication Activities of German Professors: An Empirical Assessment of their Co-Activity. *Research Evaluation*, 16(4), 311-319.

Davenport, T. H. (1993). Process Innovation: Reengineering Work through Information Technology. Harvard Business Press, Boston, Massachusetts.

Davis, J. L. und Harrison, S. S. (2001). Edison in the Boardroom: How Leading Companies Realize Value from their Intellectual Assets. John Wiley & Sons, New York, NY.

De Bruin, T.; Freeze, R.; Kaulkarni, U. und Rosemann, M. (2005). Understanding the Main Phases of Developing a Maturity Assessment Model.

DeFleur, M. L. (1966). Theories of Mass Communication. McKay, New York, NY.

Diallo, B. und Lupu, M. (2017). Future Patent Search. In: Lupu, M., Mayer, K., Kando, N.und Trippe, A. J. (Hrsg.) Current Challenges in Patent Information Retrieval. (2. Auflage) Springer Verlag, Berlin.

Dong, J. Q.; McCarthy, K. J. und Schoenmakers, W. W. M. E. (2017). How Central is too Central? Organizing Interorganizational Collaboration Networks for Breakthrough Innovation. *Journal of Product Innovation Management*,

DPMA 2017. Deutsches Patent und Markenamt. URL: https://presse.dpma.de/presseservice/Datenzahlenfakten/statistiken/patente/index.html. Abgerufen am 25.01.2017.

Eisenhardt, K. M. (1989). Building Theories from Case Study Research. *The Academy of Management Review*, 14(4), 532-550.

Eisenhardt, K. M. und Martin, J. A. (2000). Dynamic Capabilities: What are they? *Strategic Management Journal*, 21, 1105-1121.

Eldridge, J. (2006). Data Visualisation Tools - A Perspective from the Pharmaceutical Industry. *World Patent Information*, 28(1), 43-49.

Enkel, E.; Bell, J. und Hogenkamp, H. (2011). Open Innovation Maturity Framework. *International Journal of Innovation Management*, 15(06), 1161-1189.

Ensthaler, J. r. und Wege, P. (2013). Management geistigen Eigentums: Die unternehmerische Gestaltung des Technologieverwertungsrechts. Springer, Berlin.

Ernst, H. (2002). Patentmanagement. In: Specht, D.und Möhrle, M. G. (Hrsg.) Lexikon Technologiemanagement. Gabler, Wiesbaden.

Ernst, H. (2003). Patent Information for Strategic Technology Management. *World Patent Information*, 25(3), 233-242.

Ernst, H. und Omland, N. (2011). The Patent Asset Index – A new approach to benchmark patent portfolios. *World Patent Information*, 33(1), 34-41.

Faix, A. (1998). Patente im strategischen Marketing: Sicherung der Wettbewerbsfähigkeit durch systematische Patentanalyse und Patentnutzung. E. Schmidt, Berlin.

Fayyad, U.; Piatetsky-Shapiro, G. und Smyth, P. (1996). From Data Mining to Knowledge Discovery in Databases. *AI Magazine*, 17(3), 37.

Feldman, R. und Sanger, J. (2007). The Text Mining Handbook: Advanced Approaches in Analyzing Unstructured Data. Cambridge University Press, New York, NY.

Fraser, P.; Farrukh, C. und Gregory, M. (2003). Managing Product Development Collaborations - A Process Maturity Approach. *Proceedings of the Institution of Mechanical Engineers, Part B: Journal of Engineering Manufacture*, 217(11), 1499-1519.

Freiling, J. (2002). Terminologische Grundlagen des Resource-based View. In: Bellmann, K., Freiling, J., Hammann, P. und Mildenberger, U. (Hrsg.) Aktionsfelder des Konzeptions-Managements. Deutscher Universitätsverlag, Wiesbaden.

Frischkorn, J. (2017). Technologieorientierte Wettbewerbspositionen und Patentportfolios: Theoretische Fundierung, empirische Analyse, strategische Implikationen. Springer Gabler, Wiesbaden.

Gassmann, O. und Bader, M. A. (2017). Patentmanagement: Innovationen erfolgreich nutzen und schützen. Springer Gabler, Berlin, Heidelberg.

Gerken, J. M. (2012). PatMining - Wege zur Erschließung textueller Patentinformationen für das Technologie-Monitoring. Dissertation, Universität Bremen.

Gessler, M. (2016). Kompetenzbasiertes Projektmanagement (PM3): Handbuch für die Projektarbeit, Qualifizierung und Zertifizierung auf Basis der IPMA Competence Baseline Version 3.0. (8. Auflage) GPM Deutsche Gesellschaft für Projektmanagement e. V., Nürnberg.

Gibb, Y. K. und Blili, S. (2012). Small Business and Intellectual Asset Governance: An Integrated Analytical Framework. *GSTF Business Review*, 2(2), 252-259.

Gibb, Y. K. und Blili, S. (2013). Business Strategy and Governance of Intellectual Assets in Small & Medium Enterprises. *Procedia-Social and Behavioral Sciences*, 75, 420-433.

Giereth, M. und Ertl, T. (2008). Visualization Enhanced Semantic Wikis for Patent Information. In: Information Visualisation, 2008. IV'08. 12th International Conference,

Gläser, J. und Laudel, G. (2010). Experteninterviews und qualitative Inhaltsanalyse. (4. Auflage) VS Verlag für Sozialwissenschaften Wiesbaden.

Gloger, B. (2016). Scrum: Produkte zuverlässig und schnell entwickeln. (5. Auflage) Carl Hanser Verlag, München.

Goeldner, M.; Herstatt, C. und Tietze, F. (2015). The Emergence of Care Robotics - A Patent and Publication Analysis. *Technological Forecasting and Social Change*, 92, 115-131.

Gottschalk, P. (2009). Maturity Levels for Interoperability in Digital Government. *Government Information Quarterly*, 26(1), 75-81.

Granstrand, O. (1999). The Economics and Management of Intellectual Property - Towards an Intellectual Capitalism. Edward Elgar Publishing Ltd, Cheltenham, Glos.

Hanbury, A.; Bhatti, N.; Lupu, M. und Mörzinger, R. (2011). Patent Image Retrieval: A Survey. In: Proceedings of the 4th workshop on Patent information retrieval, Glasgow, Scotland, UK.

Hantos, S. (2011). A proposed Framework for the Certification of the Patent Information Professional. *World Patent Information*, 33(4), 352-354.

Harhoff, D. (2011). Strategisches Patentmanagement. In: Gassmann, O.und Albers, S. (Hrsg.) Handbuch Technologie- und Innovationsmanagement. Strategie - Umsetzung - Controlling. Gabler Verlag, Wiesbaden.

Harrison, S. S. und Sullivan, P. H. (2011). Edison in the Boardroom Revisited: How Leading Companies Realize Value from Their Intellectual Property. (37. Auflage) John Wiley & Sons,

Herriott, R. E. und Firestone, W. A. (1983). Multisite Qualitative Policy Research: Optimizing Description and Generalizability. *Educational Researcher*, 12(2), 14-19.

Heyer, G.; Quasthoff, U. und Wittig, T. (2006). Text Mining: Wissensrohstoff Text: Konzepte, Algorithmen, Ergebnisse. (18. Auflage) W3L GmbH, Herdecke.

Hughes, T. P. (1987). The Evolution of Large Technological Systems. In: Bijker, W. E., Hughes, T. P.und Pinch, T. J. (Hrsg.) The Social Construction of Technological Systems: New Directions in the Sociology and History of Technology. The MIT Press, Cambridge, MA.

Hungenberg, H. (2014). Strategisches Management in Unternehmen: Ziele - Prozesse - Verfahren. Springer Gabler, Wiesbaden.

IPO-UK (2015). The Patent Guide - A Handbook for Analysing and Interpreting Patent Data. (2. Auflage) Crown, The Intellectual Property Office (UK), Newport, UK.

Kaiser, R. (2014). Qualitative Experteninterviews: Konzeptionelle Grundlagen und praktische Durchführung. Springer VS, Wiesbaden.

Kamprath, N. (2011). Einsatz von Reifegradmodellen im Prozessmanagement. *HMD Praxis der Wirtschaftsinformatik*, 48(6), 93–102.

Kelley, D. J.; Ali, A. und Zahra, S. A. (2013). Where Do Breakthroughs Come From? Characteristics of High-Potential Inventions. *Journal of Product Innovation Management*, 30(6), 1212-1226.

Kemper, H.-G.; Baars, H. und Mehanna, W. (2010). Business Intelligence-Grundlagen und praktische Anwendungen: eine Einführung in die IT-basierte Managementunterstützung. (3. Auflage. Auflage) Vieweg + Teubner, Wiesbaden.

Kern, S. und van Reekum, R. (2008). The Use of Patents in Dutch Biopharmaceutical SME: A Typology for Assessing Strategic Patent Management Maturity.

Kern, S. und van Reekum, R. (2012). The Use of Patents in Dutch Biopharmaceutical SME: A Typology for Assessing Strategic Patent Management Maturity. In: Groen, A., Oakey, R., van der Sijde, P.und Cook, G. (Hrsg.) New Technology-Based Firms in the New Millennium. (9. Auflage) Emerald Group Publishing Limited, Bingley, UK.

Kerr, C. I. V.; Mortara, L.; Phaal, R. und Probert, D. R. (2006). A Conceptual Model for Technology Intelligence. *International Journal of Technology Intelligence and Planning*, 2(1), 73-93.

Khan, A. (2016). Innovationsmanagement in der Energiewirtschaft - Entwicklung eines Reifegradmodells Springer Gabler Wiesbaden.

Khoshgoftar, M. und Osman, O. (2009). Comparison of Maturity Models. In: ICCSIT 2009 - 2nd IEEE International Conference on Computer Science and Information Technology. ,

Kim, G. und Bae, J. (2017). A Novel Approach to Forecast Promising Technology through Patent Analysis. *Technological Forecasting and Social Change*, 117, 228-237.

Kim, W. C. und Mauborgne, R. (2005). Blue Ocean Strategy.

Kjaer, K. (2009). Supply and Demand of Intellectual Property Rights Services for Small and Medium sized Enterprises - A Gap Analysis. *Danish Patent and Trademark Office*,

Knight, H. J. (2013). Patent Strategy for Researchers and Research Managers. John Wiley, Chichester, West Sussex.

Kuckartz, U. (2016). Qualitative Inhaltsanalyse. Methoden, Praxis, Computerunterstützung. 3., überarbeitete Auflage. Weinheim: Beltz Juventa (Grundlagentexte Methoden),

Kullmann, W. (1998). Aristoteles und die moderne Wissenschaft. (5. Auflage) Franz Steiner Verlag,

Lee, C.; Song, B. und Park, Y. (2013). How to Assess Patent Infringement Risks: A Semantic Patent Claim Analysis using Dependency Relationships. *Technology Analysis & Strategic Management*, 25(1), 23-38.

Leskovec, J.; Chakrabarti, D.; Kleinberg, J. und Faloutsos, C. (2005). Realistic, Mathematically Tractable Graph Generation and Evolution, using Kronecker Multiplication. In: 9th European Conference on Principles and Practice of Knowledge Discovery in Databases (PKDD 2005), Porto, Portugal.

Levitt, T. (1965). Exploit the Product Life Cycle. *Harvard Business Review*, 43, 81-94.

Lipp, U. und Will, H. (2008). Das große Workshop-Buch: Konzeption, Inszenierung und Moderation von Klausuren, Besprechungen und Seminaren. Beltz Verlag, Weinheim 2008.

Lupu, M.; Schuster, R.; Mörzinger, R.; Piroi, F.; Schleser, T. und Hanbury, A. (2012). Patent Images - A Glass-Encased Tool: Opening the Case. In: Proceedings of the 12th International Conference on Knowledge Management and Knowledge Technologies, Graz, Austria

Macharzina, K. und Wolf, J. (2015). Unternehmensführung: Das internationale Managementwissen: Konzepte - Methoden - Praxis. Springer Gabler, Wiesbaden.

MarkenG 2017. Marken Gesetz. URL: https://www.gesetze-im-internet.de/markeng/. Abgerufen am 11.11.2017.

McCarthy, J. und Hayes, P. J. (1969). Some Philosophical Problems from the Standpoint of Artificial Intelligence. In: Webber, B. L.und Nilsson, N. J. (Hrsg.) Readings in Artificial Intelligence. Morgan Kaufmann Publishers, Los Altos, CA.

Meyer-Eppler, W. (1959). Grundlagen und Anwendungen der Informationstheorie. (1. Auflage) Springer, Berlin, Heidelberg.

Mintzberg, H.; Ahlstrand, B. und Lampel, J. (1998). Strategy Safari: A Guided Tour through the Wilds of Strategic Management. The Free Press, New York, NY.

Miyake, M.; Mune, Y. und Himeno, K. (2004). Strategic Intellectual Property Portfolio Management: Technology Appraisal by Using the "Technology Heat Map". *NRI Papers, Nomura Research Institute*, 83,

Moehrle, M. G. (2010). Measures for Textual Patent Similarities: A Guided Way to Select Appropriate Approaches. *Scientometrics*, 85(1), 95-109.

Moehrle, M. G. und Gerken, J. M. (2012). Measuring Textual Patent Similarity on the Basis of Combined Concepts: Design Decisions and their Consequences. *Scientometrics*, 91(3), 805-826.

Moehrle, M. G. und Passing, F. (2016). Applying an Anchor based Patent Mapping Approach: Basic Conception and the Case of Carbon Fiber Reinforcements. *World Patent Information*, 45, 1-9.

Moehrle, M. G.; Walter, L.; Bergmann, I.; Bobe, S. und Skrzipale, S. (2010). Patinformatics as a Business Process: A Guideline through Patent Research Tasks and Tools. *World Patent Information*, 32(4), 291-299.

Moehrle, M. G.; Walter, L.; Geritz, A. und Müller, S. (2005). Patent-based Inventor Profiles as a basis for Human Resource Decisions in Research and Development. *R&D Management*, 35(5), 513-524.

Moehrle, M. G.; Walter, L. und Wustmans, M. (2017a). Designing the 7D Patent Management Maturity Model – A Capability based Approach. *World Patent Information*, 50, 27-33.

Moehrle, M. G.; Wustmans, M. und Gerken, J. M. (2017b). How Business Methods Accompany Technological Innovations – A Case Study using Semantic Patent Analysis and a Novel Informetric Measure (accepted paper). *R&D Management,*

Möhrle, M. G. (1993). Interaktives Definieren in den Wirtschaftswissenschaften. *WiSt - Wirtschaftswissenschaftliches Studium,* 22(Heft 7), 361-366.

Möhrle, M. G.; Gerken, J. M. und Walter, L. (2012). Textbasierte Patentinformationen. *Wirtschaftsstudium-WISU,* 41(1), 91.

Möhrle, M. G.; Walter, L. und Bergmann, I. (2009). Monitoring von Geschäftsprozessen und Geschäftsprozess-Patenten. In: Möhrle, M. G.und Walter, L. (Hrsg.) Patentierung von Geschäftsprozessen. Springer-Verlag, Berlin Heidelberg.

Möhrle, M. G.; Walter, L. und von Wartburg, I. (2007). Patente im Resource-based View - Eine konzeptionelle Annäherung mittels eines systemdynamischen Wirkungsdiagramms. In: Freiling, J.und Gemünden, H. G. (Hrsg.) Jahrbuch Strategisches Kompetenz-Management: Band 1: Dynamische Theorien der Kompetenzentstehung und Kompetenzverwertung im strategischen Kontext. (1. Auflage) Rainer Hampp Verlag, München und Mering.

Möhrle, M. G.; Walter, L. und Wustmans, M. (2018). Patente managen mit dem 7D Reifegradmodell: Erfassung - Bewertung - Verbesserung. I3-management von Invention, Innovation und Information GmbH, Bremen.

Mortara, L.; Kerr, C. I.; Phaal, R. und Probert, D. R. (2009). A Toolbox of Elements to build Technology Intelligence Systems. *International Journal of Technology Management,* 47(4), 322-345.

Müller, R. M. und Lenz, H.-J. (2013). Business Intelligence. Springer,

Narin, F.; Noma, E. und Perry, R. (1987). Patents as Indicators of Corporate Technological Strength. *Research Policy,* 16(2-4), 143-155.

Niemann, H. (2014). Corporate Foresight mittels Geschäftsprozesspatenten: Entwicklungsstränge der Automobilindustrie. Springer Gabler, Wiesbaden.

Niemann, H.; Moehrle, M. G. und Frischkorn, J. (2017). Use of a new Patent Text-Mining and Visualization Method for Identifying Patenting Patterns over Time: Concept, Method and Test Application. *Technological Forecasting and Social Change,* 115, 210-220.

Nijhof, E. (2007). Subject Analysis and Search Strategies – Has the Searcher become the Bottleneck in the Search Process? *World Patent Information,* 29(1), 20-25.

North, K. (2016). Wissensorientierte Unternehmensführung: Wissensmanagement gestalten. Springer Gabler, Wiesbaden.

Park, H.; Kim, K.; Choi, S. und Yoon, J. (2013). A Patent Intelligence System for Strategic Technology Planning. *Expert Systems with Applications,* 40(7), 2373-2390.

Park, Y.; Yoon, B. und Lee, S. (2005). The Idiosyncrasy and Dynamism of Technological Innovation Across Industries: Patent Citation Analysis. *Technology in Society,* 27(4), 471-485.

PatentG 2017. Patent Gesetzt. URL: http://www.gesetze-im-internet.de/patg/. Abgerufen am 11.11.2017.

Paulk, M. C.; Curtis, B.; Chrissis, M. B. und Weber, C. V. (1993). Capability Maturity Model, Version 1.1. *IEEE Software,* 10(4), 18-27.

Penrose, E. T. (1959). The Theory of the Growth of the Firm. Oxford University Press, New York, NY.

Petit, C.; Dubois, C.; Harand, A. und Quazzotti, S. (2011). A New, Innovative and Marketable IP Diagnosis to Evaluate, Qualify and find Insights for the Development of SMEs IP Practices and Use, based on the AIDA Approach. *World Patent Information,* 33(1), 42-50.

Pöppelbuß, J. und Röglinger, M. (2011). What Makes a Useful Maturity Mdel? A Framework of General Design Principles for Maturity Models and its Demonstration in Business Process Management. In: ECIS,

Porter, A. L. und Cunningham, S. W. (2005). Tech Mining: Exploiting new Technologies for Competitive Advantage. (29. Auflage) John Wiley & Sons,

Probst, G.; Raub, S. und Romhardt, K. (2012). Wissen managen: Wie Unternehmen ihre wertvollste Ressource optimal nutzen. Springer-Verlag,

QPIP 2017. Qualified Patent Information Professionals. URL: http://qpip.org/. Abgerufen am 11.11.2017.

Ranga, M. und Etzkowitz, H. (2013). Triple Helix Systems: An Analytical Framework for Innovation Policy and Practice in the Knowledge Society. *Industry and Higher Education*, 27(4), 237-262.

Riley, J. W. und Riley, M. W. (1959). Mass Communication and the Social System.

Rivette, K. G. und Kline, D. (2000). Rembrandts in the Attic: Unlocking the Hidden Value of Patents. Harvard Business School Press, Boston, Mass.

Röglinger, M. und Kamprath, N. (2012). Prozessverbesserung mit Reifegradmodellen. *Zeitschrift für Betriebswirtschaft*, 82(5), 509-538.

Rohrbeck, R. (2010). Harnessing a Network of Experts for Competitive Advantage: Technology Scouting in the ICT Industry. *R&d Management*, 40(2), 169-180.

Safdari Ranjbar, M. und Tavakoli, G. R. (2015). Toward an Inclusive Understanding of Technology Intelligence: A Literature Review. *Foresight*, 17(3), 240-256.

Saunders, M.; Lewis, P. und Thornhill, A. (2009). Research Methods for Business Students. (5. Auflage) Prentice Hall, New York.

Savioz, P. (2004). Technology Intelligence: Concept Design and Implementation in Technology-based SMEs. Palgrave Macmillan, Hampshire, UK, New York, NY.

Schulz von Thun, F. (1981). Miteinander reden 1: Störungen und Klärungen. Allgemeine Psychologie der Kommunikation. Rowohlt Taschenbuch Verlag, Reinbek bei Hamburg,

Schulz von Thun, F. (1989). Miteinander reden 2: Stile, Werte und Persönlichkeitsentwicklung.

Schulz von Thun, F. (1998). Miteinander reden 3: Das „innere Team "und situationsgerechte Kommunikation.

Shannon, C. E. (2001). A Mathematical Theory of Communication. *ACM SIGMOBILE Mobile Computing and Communications Review*, 5(1), 3-55.

Shannon, C. E. und Weaver, W. (1949). A Mathematical Theory of Communication.

Simon, E. (2008). Technikerhaltung: Das technische Artefakt und seine Instandhaltung; eine technikphilosophische Untersuchung. (715. Auflage) Peter Lang,

Sirmon, D. G.; Hitt, M. A.; Ireland, R. D. und Gilbert, B. A. (2011). Resource Orchestration to Create Competitive Advantage Breadth, Depth, and Life Cycle Effects. *Journal of Management*, 37(5), 1390-1412.

Song, K.; Kim, K. S. und Lee, S. (2017). Discovering new Technology Opportunities based on Patents: Text-Mining and F-Term Analysis. *Technovation*, 60, 1-14.

Specht, D.; Mieke, C. und Behrens, S. (2006). Konzepte und Anwendung des Patentmanagements-Ergebnisse und Schlussfolgerungen einer empirischen Studie.

Stefanov, V. und Tait, J. I. (2011). An Introduction to Contemporary Search Technology. In: Lupu, M., Mayer, K., Tait, J. I.und Trippe, A. J. (Hrsg.) Current Challenges in Patent Information Retrieval. Springer Verlag, München, Heidelberg.

Stobbs, G. A. (2002). Business Method Patents. Aspen Publishers Online,

Technical-Committee 2017. URL: https://www.iso.org/committee/4587737.html. Abgerufen am 01.06.2017.

Teece, D. J. und Pisano, G. (1994). The Dynamic Capabilities of Firms: An Introduction. *Industrial and Corporate Change*, 3(3), 537-556.

Teece, D. J.; Pisano, G. und Shuen, A. (1997). Dynamic Capabilities and Strategic Management. *Strategic Management Journal*, 18(7), 509-533.

Thorleuchter, D.; Van den Poel, D. und Prinzie, A. (2010). Mining Ideas from Textual Information. *Expert Systems with Applications*, 37(10), 7182-7188.

Trappey, C. V.; Wu, H.-Y.; Taghaboni-Dutta, F. und Trappey, A. J. (2011). Using Patent Data for Technology Forecasting: China RFID Patent Analysis. *Advanced Engineering Informatics*, 25(1), 53-64.

Trippe, A. J. (2002). Patinformatics: Identifying Haystacks from Space. *Searcher*, 10(9), 28-41.

Trippe, A. J. (2003). Patinformatics: Tasks to Tools. *World Patent Information*, 25(3), 211-221.

Tseng, Y.-H.; Lin, C.-J. und Lin, Y.-I. (2007). Text Mining Techniques for Patent Analysis. *Information Processing & Management*, 43(5), 1216-1247.

van Looy, B.; Callaert, J. und Debackere, K. (2006). Publication and Patent Behavior of Academic Researchers: Conflicting, Reinforcing or Merely Co-Existing? *Research Policy*, 35(4), 596-608.

von Bertalanffy, L. (1950). An Outline of General System Theory. *The British Journal for the Philosophy of Science*, 1(2), 134.

von Wartburg, I.; Möhrle, M. G.; Walter, L. und Teichert, T. (2006). Patents as Resources – Theoretical Considerations guided by the Resource-based View and System Dynamic Modeling. In: Proceedings of IFSAM World Congress, Berlin.

Vosviewer 2017. Homepage der Software Vosviewer. URL: http://www.vosviewer.com. Abgerufen am 21.11.2017.

Walter, L.; Geritz, A. und Möhrle, M. G. (2003). Semantische Patentanalyse mit dem Knowledgist und PIA: Grundlagen - Beispiele - Kritik. In: PATINFO 2003. Gewerbliche Schutzrechte für den Aufschwung in Europa, Ilmenau.

Walter, L.; Radauer, A. und Moehrle, M. G. (2017a). The Beauty of Brimstone Butterfly: Novelty of Patents Identified by Near Environment Analysis based on Text Mining. *Scientometrics*, 111(1), 103-115.

Walter, L. und Schnittker, F. C. (2016). Patentmanagement: Recherche, Analyse, Strategie. Walter de Gruyter, Berlin, Boston.

Walter, L.; Wustmans, M. und Möhrle, M. G. (2017b). Reifegradmodell für ein effektives Patentmanagement. In: PATINFO 2017 - Europäische Schutzrechtssysteme im Wandel. Proceedings des 39. Kolloquiums der TU Ilmenau über Patentinformation, Ilmenau.

Wang, Y.-H. und Chow, T.-h. (2016). Applying Patent-Based Fuzzy Quality Function Deployment to Explore Prospective VoLTE Technologies. *International Journal of Fuzzy Systems*, 18(3), 424-435.

Welge, M. K.; Al-Laham, A. und Eulerich, M. (2017). Strategisches Management: Grundlagen - Prozess - Implementierung. (7. Auflage) Springer Gabler, Wiesbaden.

Wernerfelt, B. (1984). A Resource-based View of the Firm. *Strategic Management Journal*, 5(2), 171-180.

Winter, R. und Mettler, T. (2016). Kontinuierliche Business Innovation: Systematische Weiterentwicklung komplexer Geschäftslösungen durch Reifegradmodell-basiertes Management. In: Hoffmann, C. P., Lennerts, S., Schmitz, C., Stölzle, W.und Uebernickel, F. (Hrsg.) Business Innovation: Das St. Galler Modell. Springer Gabler, Wiesbaden.

Witten, I. H.; Frank, E.; Hall, M. A. und Pal, C. J. (2017). Data Mining: Practical Machine Learning Tools and Techniques. Morgan Kaufmann, Cambridge, MA.

Wittfoth, S.; Wustmans, M. und Moehrle, M. G. (2017). The Development of Product and Process Claims in Blu-ray Technology - Indicators for the Dynamics of Innovation Theory. In: 2017 Proceedings of Portland International Center for Management of Engineering and Technology (PICMET). Technology Management in the IT-Driven Services. , Portland, Oregon, USA.

Wolff, M. F. (1992). Scouting for Technology. *Research Technology Management*, 35(2), 10-12.

Woronowicz, T.; Boronowsky, M. und Mitasiunas, A. (2012). InnoSPICE: A Standard Based Model for Innovation, Knowledge and Technology Transfer. In: ISPIM Conference Proceedings,

Wustmans, M. und Möhrle, M. G. (2017). Von der Evaluation zur Gestaltung betrieblicher Patent Intelligence - Eine Handreichung auf Grundlage eines fähigkeitsbasierten Reifegradmodells. In: 13. Symposium für Vorausschau und Technologieplanung, Berlin.

Wustmans, M.; van Reekum, R. und Walter, L. (under review). Survey of and Modular Construction Possibilities for Maturity Approaches in the field of Intellectual Property Management. *World Patent Information*.

Xianjin, Z. und Minghong, C. (2010). Study on Early Warning of Competitive Technical Intelligence based on the Patent Map. *Journal of Computers*, 5(2), 274-281.

Yang, Y.; Akers, L.; Klose, T. und Yang, C. B. (2008). Text Mining and Visualization Tools – Impressions of Emerging Capabilities. *World Patent Information*, 30(4), 280-293.

Yin, R. K. (2014). Case Study Research: Design and Methods. (5. Auflage) Sage Publications, Thousand Oaks, CA.

Yoon, B. und Park, Y. (2004). A Text-Mining-Based Patent Network: Analytical Tool for High-Technology Trend. *The Journal of High Technology Management Research*, 15(1), 37-50.

Yoon, J.; Park, H. und Kim, K. (2013). Identifying Technological Competition Trends for R&D Planning using Dynamic Patent Maps: SAO-based Content Analysis. *Scientometrics*, 94(1), 313-331.

Zollo, M. und Winter, S. G. (2002). Deliberate Learning and the Evolution of Dynamic Capabilities. *Organization Science*, 13(3), 339–351.

A Anhang

A.1 Interviewleitfaden für strategische Manager

1. Fragen zum Befragten und zum Unternehmen

1.1. In welcher Position ist der Befragte tätig (Jobbezeichnung)?

1.2. Wie sieht der Arbeitsalltag des Befragten aus?

1.3. Aus welchem Bereich stammt der Befragte (Werdegang)

1.4. Was sind aktuelle Herausforderungen der Brache/n und des Unternehmens?

1.5. Welche Bedeutung hat der Schutz des geistigen Eigentums dabei?

2. Fragen zur Entscheidungsfindung

2.1. Welche Entscheidungen müssen Sie in ihrem Arbeitsalltag treffen (im Hinblick auf Patente, Innovationen, etc.)?

2.2. Welche Informationen benötigen Sie, um eine Entscheidung zu treffen (z.B. ob eine Erfindung relevant für das Unternehmen ist; Ob und wie diese Erfindung geschützt werden muss)?

2.3. Wie beobachtet Ihr Unternehmen den Wettbewerb und dessen Innovationsaktivitäten (auch unabhängig von Patenten)?

2.4. Wie informieren sie sich über den aktuellen Stand der Technik?

2.5. Wie akquirieren Sie potenzielle Zulieferer, Kunden, Partner?

2.6. Wie ermitteln Sie den Wert der eigenen / fremden Innovationen?

2.7. Wie werden in Ihrem Unternehmen Informationen für eine derartige Entscheidungsfindung beschafft?

3. Fragen zu Patent Intelligence

3.1. Was verstehen Sie unter Patentmanagement?

3.2. Zu welchen Zwecken verwendet Ihr Unternehmen eigene / fremde Patente?

© Springer Fachmedien Wiesbaden GmbH, ein Teil von Springer Nature 2019
M. Wustmans, *Patent Intelligence zur unternehmensrelevanten Wissenserschließung*,
Forschungs-/ Entwicklungs-/ Innovations-Management,
https://doi.org/10.1007/978-3-658-24066-0

3.3. Welche Informationen gewinnt Ihr Unternehmen aus einer Patentrecherche (im Hinblick auf Wettbewerber/Partner, Technologien, Marktentwicklungen, Wertermittlung)?

3.4. Welche Rolle spielen Informationen in Ihrem Unternehmen, die aus Patenten gewonnen werden?

3.5. Welche weiteren Informationen werden beschafft, die nicht aus Patenten gewonnen werden, um die Ergebnisse der Patentrecherche zu validieren / evaluieren (die Entscheidungsgrundlage zu verbessern)?

3.6. Welchen Informationsgewinn erwarten Sie von einer Patentrecherche (-analyse) für eine Entscheidungsfindung?

3.7. Wie werden die gewonnenen Informationen aus der Patentrecherche dargestellt?

3.8. Wie sollten Ihrer Meinung nach die Informationen aufbereitet werden?

3.9. Wie wird eine Patentrecherche (von Erfindern / Kollegen / Vorgesetzten) beauftragt?

3.10. Wer ist an der Patentrecherche / -analyse beteiligt?

3.11. Wer im Unternehmen profitiert von (nutzt) diesen Informationen (die aus Patenten)?

3.12. Wie werden diese Informationen an denjenigen übermittelt?

A.2 Interviewleitfaden für Patentmanager

1. Fragen zum Befragten

1.1. In welcher Position ist der Befragte tätig (Jobbezeichnung)?

1.2. Wie sieht der Arbeitsalltag des Befragten aus?

1.3. Aus welchem Bereich stammt der Befragte (Werdegang)?

2. Fragen zum Unternehmen

2.1. Was sind aktuelle Herausforderungen der Brache/n und des Unternehmens?

2.2. Welche Bedeutung hat der Schutz des geistigen Eigentums für Ihr Unternehmen?

2.3. Was verstehen Sie unter Patentmanagement?

2.4. Wie sieht die Unternehmensstruktur im Hinblick auf den Umgang mit dem Schutz von geistigen Eigentum aus (speziell bei Patenten)?

2.5. Wie sieht der Ablauf von der Erfindungsmeldung zur Patentanmeldung aus?

2.6. Wie sind die Patentverantwortlichen in die (Produkt-)Entwicklungsprozesse integriert?

2.7. Welche Ziele verfolgt Ihr Unternehmen mit einer Patentanmeldung?

2.8. Zu welchen Zwecken verwendet Ihr Unternehmen eigene / fremde Patente?

2.9. Welchen Einfluss nimmt die Geschäftsleitung auf das Patentierverhalten des Unternehmens?

3. Fragen zu Patent Intelligence

3.1. Wie wird in Ihrem Unternehmen eine Patentrecherche durchgeführt?

3.2. Wer in Ihrem Unternehmen beauftragt eine Patentrecherche?

3.3. Aus welchen Gründen wird eine Patentrecherche beauftragt?

3.4. Wie wird eine Patentrecherche beauftragt (von Erfindern / Kollegen / Vorgesetzten)?

3.5. Wer ist an der Patentrecherche / -analyse beteiligt?

3.6. Welche Informationen benötigen Sie (die Beteiligten), um eine Patent-recherche /-analyse durchzuführen?

3.7. Zu welchen Zwecken werden die recherchierten Ergebnisse verwendet, bzw. welche Informationen gewinnt Ihr Unternehmen aus einer Patent-recherche (im Hinblick auf Wettbewerber, Technologien, Marktentwicklungen, Wertermittlung)?

3.8. Welche Methoden werden verwendet, um Informationen aus Patenten zu gewinnen (welche Software, bibliographische Analysen, Textanalysen)?

3.9. Welche Informationen aus Patenten nutzen Sie für die Akquise potenzieller Zulieferer, Kunden, Partner?

3.10. Wie beobachtet Ihr Unternehmen den Wettbewerb und dessen Innovationsaktivitäten?

3.11. Wie informieren sie sich über den aktuellen Stand der Technik?

3.12. Wie ermitteln Sie den Wert der eigenen / fremden Patente?

3.13. Wie werden die Ergebnisse aus der Patentrecherche dargestellt?

3.14. Wer im Unternehmen nutzt die aus Patenten generierten Informationen?

3.15. Wie werden diese Informationen an denjenigen übermittelt?

3.16. Welche weiteren Informationen werden beschafft, die nicht aus Patenten gewonnen werden, um die Ergebnisse der Patentrecherche zu validieren / evaluieren?

3.17. Wie werden diese Informationen gewonnen?

Printed in the United States
By Bookmasters